001例 将彩色图像去色

002例 绘制花朵底纹

003例 双胞胎效果

005例 绿色玉环

006例 特殊背景

007例 卡通小狗

010例 梦幻星光

011例 透明圆

012例 带花的少女

013例 漩涡边缘

014例 立体画框

015例 发光花朵

018例 绕图文字

019例 变靓部分图像

020例 曲线美图

022例 艳丽对比

023例 黑白世界

024例 色彩斑斓

025例 改变单个图像颜色

027例 调整肌肤颜色

029例 调整图像整体色调

030例 制作暖色调图像

032例 均化效果

034例 平衡图像颜色

035例 创建怀旧色调

037例 制作灰度图像

038例 调整曝光不足图像

039例 使图像颜色更加鲜艳

041例 添加云朵

042例 燃烧的壁炉

044例 混合图像

045例 光芒万丈

047例 使用USM滤镜锐化照片

049例 边缘锐化图像

050例 智能锐化图像

051例 简单柔化图像

055例 梦幻水晶

059例 美白肌肤

061例 改变眼睛颜色

064例 改变衣服颜色

067例 美化睫毛

072例 光芒字

074例 粉色水晶字

076例 潜水文字

077例 金属质感文字

078例 质感条纹字

082例 紫色立体文字

091例 油画效果

经典技法118例

中文版 Photoshop
图像处理经典技法
118例

一线科技 曾 全 邱雅莉 编著

飞思数字创意出版中心 监制

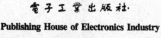

电子工业出版社

Publishing House of Electronics Industry

北京·BEIJING

内容简介

本书由经验丰富的设计师执笔编写，详细介绍了中文版Photoshop CS5在图像处理方面的应用技巧。全书精心设计了118个常用的图像处理和特效制作案例，每个案例都有详细的制作步骤，并且包括了一些对制作方法和思路的阐述，使读者学后可以举一反三，创作出更多精彩的效果。

本书由浅入深地讲解了Photoshop在图像处理方面的应用，包括基本编辑技巧、图像颜色调整、图像修饰美化技术、人物修饰与图像合成技巧、文字与纹理特效、图像艺术设计处理、平面艺术设计，以及效果图后期设计等案例。全书通过对118个经典案例的制作，全面介绍了Photoshop的基本操作与典型应用，让读者在学习训练中既可积累实用的工作经验，又能掌握Photoshop的软件应用。

本书既适合于初、中级水平的读者学习使用，同时也可作为大中专院校相关专业的教材及各类社会培训学校的教学参考用书。

中文版Photoshop图像处理经典技法118例/曾全，邱雅莉编著.--北京：电子工业出版社，2012.5

（经典技法118例）

ISBN 978-7-121-15802-5

Ⅰ.①中… Ⅱ.①曾… ②邱… Ⅲ.①图像处理软件，Photoshop Ⅳ.①TP391.41

中国版本图书馆CIP数据核字（2012）第012609号

责任编辑：侯琦婧
特约编辑：彭　瑛
印　　刷：北京市蓝迪彩色印务有限公司
装　　订：
出版发行：电子工业出版社
　　　　　北京市海淀区万寿路173信箱　　邮编：100036
开　　本：787×1092　1/16　印张：20.5　字数：524千字　彩插：2
印　　次：2012年5月第1次印刷
定　　价：59.00元（含光盘1张）

凡所购买电子工业出版社图书有缺损问题，请向购买书店调换。若书店售缺，请与本社发行部联系，联系及邮购电话：（010）88254888。

质量投诉请发邮件至zlts@phei.com.cn，盗版侵权举报请发邮件至dbqq@phei.com.cn。

服务热线：（010）88258888。

Preface

市面上的电脑书籍可谓琳琅满目、种类繁多，读者面对这些书籍往往不知道该如何选择，那么选择一本好书的根本方法是什么呢？

首先要看这本书所讲内容的实用性，所讲内容是否为最新的知识，是否紧跟时代的发展；其次是看其讲解方法是否合理，是否易于接受；最后是看该书的内容是否丰富，物超所值。

■ 丛书主要特色

作为一套面向初、中级读者的电脑丛书，"经典技法118例"系列丛书语言流畅，版式精美，书中完全从实战的角度出发，以全程图解方式带领读者轻松愉悦地学习，让大家能够快速、全面地掌握平面设计的知识。

◎ 案例精美专业、学以致用

《经典技法118例》在案例选择上力求精美、实用，学以致用是丛书最根本的宗旨。

丛书案例在结构安排上逻辑清晰、由浅入深，符合循序渐进、逐步提高的学习规律。丛书精选那些初学读者可以快速入门、轻松掌握的案例与技能，再配合对相应操作技巧的详细讲解，力求起到事半功倍、学以致用的效果。

◎ 全程图解教学、一学就会

《经典技法118例》丛书使用"全程图解"的讲解方式，以图为主、文字为辅。

首先以简洁、流畅的语言对操作内容进行说明，然后再以图形的表现方式将各种操作直观地表现出来。形象地说，初学者只需"按图索骥"地对照图书进行操作练习，即可快速掌握书中所讲的丰富技能。

◎ 全新教学体例、轻松自学

我们在编写本书时，非常注重初学者的认知规律和学习心态，每个案例都安排了"学习目的"、"技法解析"、"光盘路径"等内容，让读者可以提高学习效率。

◎ 知识全面　内容超值

本书在讲解过程中全面介绍了软件的知识与应用，虽然仍属于纯案例图书，但是内容丰富、超值实用。

■ 本书内容结构

Photoshop CS5是Adobe公司推出的最新版本图形图像处理软件，其功能强大、操作方便，是当今功能最强大、使用范围最广泛的平面图像处理软件之一。Photoshop CS5以其良好的工作界面、强大的图像处理功能，以及完善的可扩充性，成为摄影师、专业美工人员、平面广告设计者、网页制作者、室内装饰设计者，以及广大电脑爱好者的必备工具。

本书定位于Photoshop的初、中级读者，从一个图像处理初学者的角度出发，合理安排知识点，运用简练流畅的语言，结合丰富实用的实例，由浅入深地对Photoshop CS5图像处理功能进行讲解，让读者可以在最短的时间内学到最有用的知识，轻松掌握Photoshop CS5图像处理的应用方法和技巧。

本书共7章，各章节的主要内容如下。

第1章：重点介绍图像的基本编辑与处理方法，从最基本的打开文件、新建文件和改变图像分辨率等知识入手，逐步学习各个绘图工具的使用和菜单命令的使用。

第2章：通过多个案例详细讲解颜色调整命令的具体操作方法。

第3章：通过多个案例详细讲解Photoshop的图像修饰美化技术。

第4章：重点介绍人物的修饰与图像合成技巧，通过对本章的学习，读者可以学习到图像后期处理的相关技巧。

第5章：重点介绍文字与纹理特效的制作方法，其中包括铁锈字、水晶字、金属字和豹纹特效等一系列质感很强的特效实例。

第6章：重点介绍图像的艺术设计处理技巧，通过对本章的学习，读者可以学习到图像艺术设计处理的相关技巧。

第7章：介绍平面艺术设计和室内设计案例，通过多个实例的制作，让读者更加深入地掌握软件的操作技能、了解设计的相关知识，为将来的工作打下坚实的基础。

■ 本书读者对象

本书内容丰富、结构清晰、图文并茂、简洁易懂，专为初、中级读者编写，适合以下读者学习使用：

（1）从事图像处理和图像特效制作的工作人员。

（2）对Photoshop感兴趣的业余爱好者和自学者。

（3）在电脑培训班中学习图像处理和特效制作的学员。

（4）大中专院校相关专业的学生。

■ 本书创作团队

本书由一线科技和卓文编写，设计实例由在相应的设计公司任职的专业设计人员创作，在此对他们的辛勤劳动深表感谢。由于编写时间仓促，书中难免有疏漏与不妥之处，欢迎广大读者来信咨询指正，我们将认真听取您宝贵的意见，推出更多的精品计算机图书，联系网址：http://www.china-ebooks.com。

作　者

2011 年 10 月

Contents

第1章 图像的基本编辑技巧 1

第2章 图像颜色调整 37

第3章 图像修饰美化技术.................................77

第4章 人物修饰与图像合成技巧 119

第5章 文字与纹理特效 153

Contents

Contents

PART
第1章

图像的基本编辑技巧

本章将重点介绍图像的基本编辑与处理方法，从最基本的打开文件、新建文件和改变图像分辨率等操作入手，逐步学习各绘图工具和菜单命令的使用。

通过对本章的学习，希望读者可以掌握Photoshop中绘图工具的使用，以及一些常见的图像处理方法与技巧。

效果展示 XIAOGUO ZHANSHI

实例001 将彩色图像去色

本例将为彩色图像去除颜色，通过本实例的学习，读者可以掌握文件的打开、去色，以及存储文件等基本操作，其操作流程如图1-1所示。

打开素材图像　　　　　　　　为图像去色　　　　　　　　存储图像

图1-1 操作流程图

 技法解析

本实例学习将彩色图像变换为黑白图像的操作，其方法很简单，主要运用了"去色"命令。另外，还对文件的查找、打开、存储等操作进行了详细的介绍。

	实例路径	实例\第1章\为图像去色.psd
	素材路径	素材\第1章\乡间小路.jpg

步骤001 双击桌面上的 图标，启动Photoshop CS5应用程序，选择"文件"|"打开"命令，如图1-2所示。

步骤002 弹出"打开"对话框，在"查找范围"下拉列表中选择文件路径，在中间列表框中选择"乡间小路.jpg"文件，如图1-3所示。

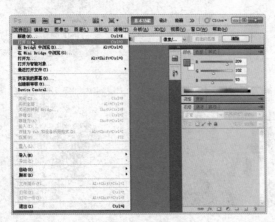

图1-2 启动Photoshop CS5

图1-3 打开素材

步骤 03 单击"打开"按钮，打开素材图像，如图1-4所示。

步骤 04 选择"图像"|"调整"|"去色"命令，文件窗口中的颜色将变为灰度，如图1-5所示。

步骤 05 选择"文件"|"存储为"命令，弹出"存储为"对话框，在"保存在"下拉列表框中选择保存路径，设置文件格式，这里保持默认文件格式PSD（如图1-6所示），单击"保存"按钮，完成操作。

图1-4 打开素材图像

图1-6 存储图像

图1-5 去色效果

技巧提示

可以通过选择"图像"|"模式"|"灰度"命令来去除图像的颜色，但转换为灰度后图像只能在灰度模式下进行编辑，而使用"去色"命令可以将选取的部分图像或某个图层中的图像颜色去掉，其他部分仍为彩色显示。

实例002 绘制花朵底纹

本例将制作一个花朵底纹图像，通过本实例的学习，读者可以掌握画笔工具的设置，以及图层的建立等操作，其操作流程如图1-7所示。

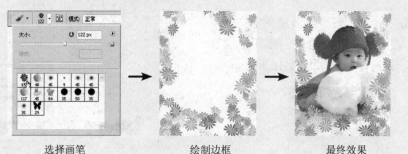

选择画笔　　　　　　　绘制边框　　　　　　　最终效果

图1-7 操作流程图

技法解析

　　本实例所制作的花朵底纹效果，首先需要新建一个图像文件，然后选择画笔工具，并通过对画笔属性的不同设置，从而得到特殊的画笔效果，绘制出花瓣边框图像。

实例路径	实例\第1章\绘制花朵底纹.psd
素材路径	素材\第1章\宝贝.jpg

步骤01 选择"文件"|"新建"命令或按【Ctrl+N】组合键，如图1-8所示。

图1-8 执行"新建"命令

步骤02 打开"新建"对话框，设置文件"名称"为"花瓣边框"，设置"宽度"和"高度"分别为16厘米和20厘米，分辨率为100，如图1-9所示。

图1-9 新建文件

步骤03 单击"确定"按钮，新建图像文件，单击"图层"面板下方的"创建新图层"按钮，新建图层1，如图1-10所示。

图1-10 新建图层

步骤04 选择画笔工具，单击工具属性栏中的三角形按钮，展开其面板，单击"大小"右侧的三角形按钮，在弹出的下拉菜单中选择"特殊效果画笔"命令，在弹出的提示信息框中单击"追加"按钮，在面板的列表框中选择"杜鹃花串"画笔，如图1-11所示。

图1-11 选择画笔

步骤05 单击工具属性栏中的按钮，打开"画笔"面板，在其中可以选择画笔笔尖样式，设置"大小"为122，"间距"为129%，如图1-12所示。

步骤06 选中"形状动态"复选框，设置其中各项参数，如图1-13所示。

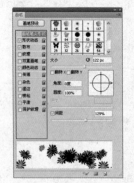 

图1-12 设置笔尖参数　图1-13 选中"形状动态"复选框

步骤 07 选中"散布"、"颜色动态"复选框，设置其参数，如图1-14和图1-15所示。

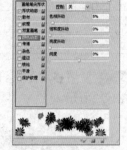

图1-14 散布　　　图1-15 颜色动态

步骤 08 单击工具箱下方的"设置前景色"按钮，在弹出的对话框中设置颜色参数为粉红色（R209, G102, B93），然后沿图像四周绘制粉红色的花瓣作为边框，如图1-16所示。

图1-16 绘制边框

步骤 09 按【Ctrl+O】组合键，打开"宝贝.jpg"图像，使用移动工具将图片拖动到文件窗口中，并将自动生成的新图层放到图层1的下方，如图1-17所示。

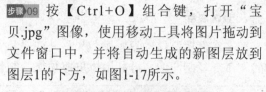

图1-17 移动图层

步骤 10 将宝贝图像放到花瓣图像的中间，得到图像的最终效果，如图1-18所示。

图1-18 最终效果

实例003 双胞胎效果

　　本例将制作双胞胎图像效果，通过本实例的学习，读者可以掌握移动工具、橡皮擦的使用，以及图层的复制等操作，其操作流程如图1-19所示。

打开素材图像　　　　　　复制图像　　　　　　最终效果

图1-19 操作流程图

技法解析

本实例所制作的双胞胎效果，首先是将背景图层转换为普通图层，然后使用"水平翻转"命令复制图像，再利用橡皮擦功能，制作自然过渡效果。

	实例路径	实例\第1章\双胞胎效果.psd
	素材路径	素材\第1章\婴儿.jpg

步骤01 选择"文件"|"打开"命令，打开如图1-20所示的素材图像。

图1-20 打开素材

步骤02 双击"背景"图层，在打开的对话框中单击"确定"按钮，将背景图层转换为普通图层，如图1-21所示。

图1-21 转换图层

步骤03 选择"图像"|"画布大小"命令，弹出"画布大小"对话框，设置宽度为28厘米，如图1-22所示。

图1-22 设置画布宽度

步骤04 使用移动工具将图像向左边移动，如图1-23所示。

图1-23 移动图像

步骤05 选择移动工具后按住【Alt】键向右拖动图像，复制并移动图像，效果如图1-24所示。

图1-24 复制并移动图像

步骤06 选择"编辑"|"变换"|"水平翻转"命令，然后使用橡皮擦工具擦除图像边缘处，使图像自然过渡，最终效果如图1-25所示。

图1-25 最终效果

实例004 巧妙裁剪图像

本例将对图像做裁剪操作，通过本实例的学习，读者可以掌握裁剪工具、自定形状工具等工具的使用方法，其操作流程如图1-26所示。

打开素材图像　　　　　　　　裁剪图像　　　　　　　　最终效果

图1-26 操作流程图

 技法解析

本实例学习裁剪图像的操作方法，首先选择裁剪工具，在工具属性栏中设置属性，然后对图像做固定和不固定裁剪，最后使用油漆桶工具为图像添加底纹。

实例路径	实例\第1章\巧妙裁剪图像.psd
素材路径	素材\第1章\小狗.jpg

步骤01 打开"小狗.jpg"素材图像，选择裁剪工具，单击工具属性栏中的按钮，在弹出的下拉面板中选择"剪切8英寸×10英寸300dpi"选项，如图1-27所示。

图1-27 打开素材

步骤02 在素材图片中拖出一个范围，裁剪框将等比例进行缩放（如图1-28所示）。双击鼠标，确定该图片范围。被黑色覆盖的图像将被裁剪掉。

图1-28 裁剪图像

步骤03 单击属性栏中的"清除"按钮，此时所有的数据都将被清除，如图1-29所示。

图1-29 清除数据

步骤04 选择自定形状工具，单击工具属性栏中"形状"后面的三角形按钮，在打开的面板中选择"花1"形状，如图1-30所示。

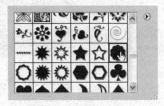

图1-30 选择图形

步骤05 单击工具属性栏中的"路径"按钮，按住【Shift】键绘制封套路径，如图1-31所示。

步骤06 按【Ctrl+Enter】组合键将路径转化为选区，再按【Ctrl+Shift+I】组合键反选选区，如图1-32所示。

图1-31 绘制路径

图1-32 建立选区

步骤07 选择油漆桶工具，在属性栏中设置填充区域为"图案"，再选择"斑马"纹理，然后设置"不透明度"为43%，"容差"为100，如图1-33所示。

图1-33 设置图案填充

步骤08 在选区中单击鼠标左键填充图案，然后按【Ctrl+D】组合键取消选区，最终效果如图1-34所示。

图1-34 最终效果

实例005 绿色玉环

本例将绘制一个绿色玉环图像效果，通过本实例的学习，读者可以掌握"样式"面板和"缩放效果"命令的使用，其操作流程如图1-35所示。

填充背景

绘制图像

最终效果

图1-35 操作流程图

技法解析

　　本实例所制作的绿色玉环效果，首先绘制出圆环图像，然后为图像添加图层样式，制作出立体效果，最后对图像添加纹理效果。

	实例路径	实例\第1章\绿色玉环.psd
	素材路径	素材\第1章\无

步骤01 新建一个大小为10厘米×10厘米的图像，选择渐变工具，设置渐变颜色从绿色（R90,G174,B39）到深绿色（R7,G41,B11），在图像中做径向渐变填充，如图1-36所示。

图1-36 填充背景

步骤02 单击"图层"面板底部的"创建新图层"按钮 🔲，新建图层1，如图1-37所示。

图1-37 新建图层

步骤03 设置前景色为白色，选择自定形状工具，在工具属性栏中单击"填充像素"按钮，选择"圆环边框"图形，绘制出该图像，如图1-38所示。

图1-38 绘制圆环

步骤04 选择"窗口"|"样式"命令，打开"样式"面板，单击面板右上方的三角形按钮，在弹出的菜单中选择"玻璃按钮"选项，然后选择面板中的"暗黄绿色玻璃"样式，如图1-39所示。

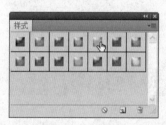

图1-39 选择样式

步骤05 选择"图层"|"图层样式"|"缩放效果"命令，在打开的对话框中设置缩放参数为40%，如图 1-40所示。

图1-40 设置缩放参数

步骤06 双击图层1，打开"图层样式"对话框，选中左侧的"投影"复选框，设置投影颜色为黑色，其余参数如图1-41所示。

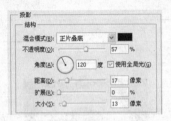

图1-41 设置投影参数

步骤07 新建一个图层，选择填充工具为图像做图案填充，在属性栏中选择图案为"绳线"，填充效果如图1-42所示。

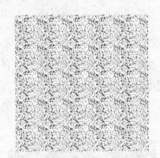

图1-42 填充图案

步骤08 按住【Ctrl】键，单击图层1，载入该图层选区，再按【Ctrl+Shift+I】组合键反选选区，删除选区内容，并设置图层2的图层混合模式为"正片叠底"，如图1-43所示。

图1-43 最终效果

技巧提示

使用"缩放效果"命令可以直接输入参数，但是建议拖动滑块进行观察。因为窗口的实时变化所反应出的图层样式效果最直观。

实例006 特殊背景

本例将制作一个特殊背景图像，通过本实例的学习，读者可以掌握"动感模糊"和"强化的边缘"等滤镜的操作方法，其操作流程如图1-44所示。

建立选区

添加选区

最终效果

图1-44 操作流程图

技法解析

　　本实例所制作的特殊背景效果，首先为图像绘制出自由选区，并对选区做羽化操作，然后为图像添加多种滤镜效果，最终得到特殊图像效果。

实例路径	实例\第1章\特殊背景.psd
素材路径	素材\第1章\少女.jpg

步骤01 打开"少女.jpg"素材图像，选择套索工具 ，按住鼠标左键不放拖动并绘制如图1-45所示的选区，当松开鼠标时，将自动形成封闭式选区，如图1-44所示。

图1-45 绘制选区

步骤02 按【Shift+F6】组合键，在打开的对话框中设置参数为30像素，单击"确定"按钮，如图1-46所示。

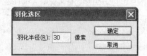

图1-46 羽化选区

步骤03 按【Shift+Ctrl+I】组合键反选选区，选择"滤镜"|"模糊"|"径向模糊"命令，打开对话框，设置"数量"参数为100，选中"缩放"单选按钮，如图1-47所示。

图1-47 设置模糊参数

步骤04 单击"确定"按钮后，选区效果呈放射状态，如图1-48所示。

图1-48 径向模糊效果

步骤05 单击工具属性栏上的"添加到选区"按钮 。框选人物周围的空隙部分，添加到选区内，如图1-49所示。

图1-49 添加选区

步骤06 选择"滤镜"|"画笔描边"|"强化的边缘"命令，打开对话框，设置参数分别为4、40、4，如图1-50所示。

图1-50 设置滤镜参数

步骤007 单击"确定"按钮，再按【Ctrl+D】组合键取消选区，得到图像特殊效果，如图1-51所示。

图1-51 最终效果

技巧提示

在本实例的操作中主要应用了两种滤镜，其功能分别如下：
- "径向模糊"滤镜用于模拟前后移动相机或旋转相机产生的模糊，以制作柔和模糊效果。
- "强化的边缘"滤镜的作用是强化勾勒图像的边缘。

实例007 卡通小狗

本例将绘制一个卡通小狗图像，通过本实例的学习，读者可以掌握填充颜色和描边设置等操作的应用，其操作流程如图1-52所示。

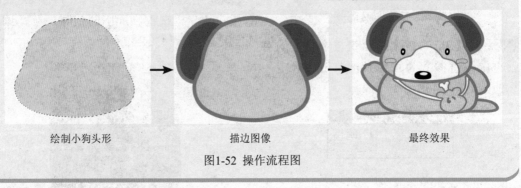

绘制小狗头形　　　　　　　描边图像　　　　　　　最终效果

图1-52 操作流程图

技法解析

本实例所制作的卡通小狗，首先使用钢笔工具绘制出小狗的基本造型，然后通过"描边"图层样式为图像添加边框效果，最终得到小狗造型。

实例路径	实例\第1章\卡通小狗.psd
素材路径	素材\第1章\无

步骤01 新建一个图像文件，然后单击"图层"面板中的"新建"按钮，新建一个"图层1"图层。选择钢笔工具，在窗口中绘制路径，按【Ctrl+Enter】组合键将路径转换为选区。设置前景色为黄色（R255,G204,B0），按【Alt+Delete】组合键填充选区颜色，如图1-53所示。

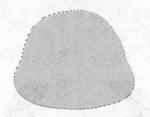

图1-53 绘制图像

步骤02 在"图层"面板中，双击图层1，打开"图层样式"对话框。选中"描边"复选框，设置颜色为灰色（R125,G125,B125），大小为10（如图1-54所示），单击"确定"按钮（效果如图1-55所示），按【Ctrl+D】组合键取消选区。

图1-54 设置描边参数

图1-55 图像描边效果

步骤03 新建图层2，选择钢笔工具，在窗口中绘制耳朵路径。将路径转换为选区，填充选区为深红色（R153,G52,B0），效果如图1-56所示。

图1-56 绘制耳朵

步骤04 在"图层"面板中，将图层1放到图层2的上方，如图1-57所示。

步骤05 在"图层"面板的图层1中单击鼠标右键，在弹出的快捷菜单中选择"拷贝图层样式"命令，再选择图层2，单击鼠标右键，在弹出的快捷菜单中选择"粘贴图层样式"命令，得到耳朵的描边效果，如图1-58所示。

图1-57 调整图层顺序

图1-58 耳朵描边效果

步骤06 使用同样的方法，分别绘制小狗的眼睛、鼻子和身体等部分，效果如图1-59所示。

图1-59 绘制其他图像

步骤07 选择钢笔工具，在窗口中绘制小狗的眉毛路径，如图1-60所示。

图1-60 绘制眉毛

步骤08 选择画笔工具 ✐，设置画笔笔尖尖角大小为5像素，如图1-61所示。

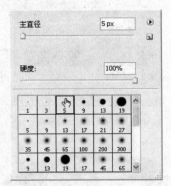

图1-61 设置画笔

步骤09 设置前景色为灰色，单击"路径"面板下方的"用画笔描边路径"按钮 ⊙，为路径添加描边效果，效果如图1-62所示。

图1-62 最终效果

技巧提示

　　使用画笔工具可以创建出较为柔和的线条，其效果类似水彩笔或毛笔。单击画笔工具属性栏左侧的三角形按钮，在弹出的面板中可以设置画笔笔头的大小和使用样式，其中"主直径"用来设置画笔笔头的大小；"硬度"用来设置画笔边缘的晕化程度，值越小晕化越明显；"模式"用来设置画笔工具对当前图像中像素的作用效果。

实例008 扭动的文字

　　本例将制作一个扭动的文字效果，通过本实例的学习，读者可以掌握文字属性的设置和文字变形等操作，其操作流程如图1-63所示。

输入文字　　　　　　　　　变形文字　　　　　　　　　复制文字

图1-63 操作流程图

本实例所制作的扭动的文字，首先输入文字，并设置文字的字体、大小等属性，然后打开"变形文字"对话框，设置文字的变形效果，最终复制文字并设置其不透明度。

实例路径	实例\第1章\扭动的文字.psd
素材路径	素材\第1章\背景.jpg

步骤01 打开"背景.jpg"素材图像，选择横排文字工具，在文件窗口输入文字，如图1-64所示。

图1-64 输入文字

步骤02 在文字处双击，选择所有文字，在属性栏中设置字体为"方正胖娃简体"、大小为24、颜色为深绿色（R38,G62,B4），如图1-65所示。

图1-65 设置文字属性

步骤03 单击工具属性栏中的"变形"按钮，在弹出的对话框中设置其样式为鱼形、弯曲为34%、水平扭曲为-10%、垂直扭曲为0%，得到鱼形文字，如图1-66所示。

图1-66 变形文字

步骤04 选择文字图层，在"图层"面板中单击鼠标右键，在弹出的快捷菜单中选择"栅格化文字"命令，将文字图层转换为普通图层，如图1-67所示。

图1-67 栅格化文字

步骤05 选择"滤镜"|"扭曲"|"极坐标"命令，选中"平面坐标到极坐标"单选按钮，然后单击"确定"按钮，此时文字将旋转为一个半圆形，如图1-68所示。

图1-68 滤镜效果

步骤006 按【Ctrl+J】组合键复制图层，再按【Ctrl+T】组合键，打开自由变换调节框，按住【Shift】键等比例缩放复制的文字图像，效果如图1-69所示。

步骤007 多次复制并缩放文字大小，调节各图层的不透明度使文字在颜色上有所变化。至此完成整个操作，最终效果如图1-70所示。

图1-69 复制并缩放文字

图1-70 最终效果

技巧提示

　　使用"变形文字"对话框可以将选中的文字变成多种变形样式，从而大大提高文字的艺术效果。"变形文字"对话框的"样式"下拉列表框中内置了15种变形样式，分别为扇形、下弧、上弧、拱形、凸起、贝壳、花冠、旗帜、波浪、鱼形、增加、鱼眼、膨胀、挤压和扭转。

实例009 奇妙的粘贴功能

　　本例将通过粘贴功能制作出一个花纹图像，通过本实例的学习，读者可以掌握复制图像和粘贴图像等操作，其操作流程如图1-71所示。

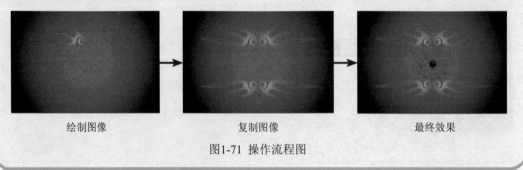

绘制图像　　　　　　　　复制图像　　　　　　　　最终效果

图1-71 操作流程图

技法解析

　　本实例所制作的图腾图像，首先使用钢笔工具绘制出图腾图像，然后复制图像，将其粘贴到新图层中，多次复制图像，翻转后得到图像的最终效果。

实例路径	实例\第1章\奇妙的粘贴功能.psd
素材路径	素材\第1章\菊花.psd

步骤01 新建一个图像文件，选择渐变工具 ▣，单击工具属性栏上的按钮 ▬▬▬ ，在打开的对话框中设置渐变颜色为从红色（R236,G2,B76）到深红色（R134,G0,B15）再到暗红色（R32,G4,B0），完成后单击属性栏上的"径向渐变"按钮 ▣，然后在编辑窗口中斜向拖动鼠标，填充径向渐变效果，如图1-72所示。

图1-72 渐变填充图像

步骤02 选择钢笔工具，绘制图腾图形，按【Ctrl+Enter】组合键将路径转化为选区，如图1-73所示。

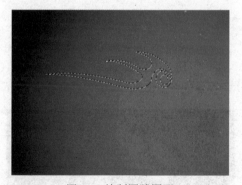

图1-73 绘制图腾图形

步骤03 新建图层1，选择渐变工具 ▣，为选区应用径向渐变填充，设置渐变填充颜色为"橘黄-红-深红"，如图1-74所示。

图1-74 渐变填充选区

步骤04 双击该图层打开"图层样式"对话框，设置样式为"外发光"、颜色为淡黄色（R255,G255,B190）、混合模式为"叠加"、不透明度为73%，单击"确定"按钮，效果如图1-75所示。

图1-75 设置外发光参数

步骤05 按【Ctrl+C】组合键复制选区内容，新建图层2，按【Ctrl+V】组合键粘贴并将其粘贴到图层2。选择"编辑"|"变换"|"水平翻转"命令，将翻转的图像向右移动，如图1-76所示。

图1-76 复制并翻转图像

步骤06 在图层1下方的"效果"处单击鼠标右键，在弹出的快捷菜单中选择"拷贝图层样式"命令。再选择图层2，单击鼠标右键，在弹出的快捷菜单中选择"粘贴图层样式"命令。此时图层2将自动添加与图层1相同的外发光效果，如图1-77所示。

图1-77 粘贴外发光样式

步骤07 按住【Ctrl】键不放，单击图层2，载入选区，并按【Ctrl+C】组合键复制所选图像，按【Ctrl+V】组合键两次，分别粘贴到不同的图层中，然后对图形进行垂直和水平翻转变换，如图1-78所示。

图1-78 复制图像

步骤08 打开"菊花.psd"素材图像，按住【Ctrl】键单击图层1，载入菊花图像选区，如图1-79所示。

图1-79 获取图像选区

步骤09 按【Ctrl+C】组合键复制菊花内容，按【Ctrl+V】组合键粘贴到编辑窗口中，适当调整图像大小和位置，如图1-80所示。

图1-80 粘贴菊花图像

步骤10 选择"图层"|"图层样式"|"外发光"命令，打开"图层样式"对话框，设置外发光颜色为橘红色（R255,G120,B0）、不透明度为75%、杂色为56%，如图1-81所示。

图1-81 设置外发光参数

步骤11 在对话框中单击"混合选项:默认"选项卡，设置图层的混合模式为"正片叠底"，单击"确定"按钮完成整个操作，最终效果如图1-82所示。

图1-82 最终效果

实例010 梦幻星光

本例将制作一个梦幻星光图像，通过本实例的学习，读者可以掌握"画笔"面板中各选项的设置技巧，其操作流程如图1-83所示。

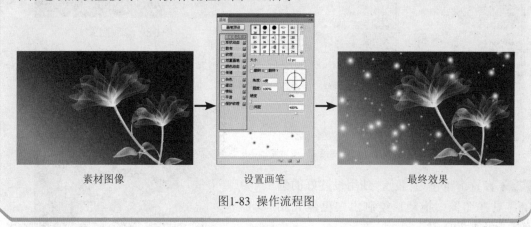

素材图像　　　　　　　　设置画笔　　　　　　　　最终效果

图1-83 操作流程图

 技法解析

本实例所制作的梦幻星光图像，只需通过设置画笔工具的相关参数，然后在黑色的背景下绘制出大小不一的白色星光即可。

实例路径	实例\第1章\梦幻星光.psd
素材路径	素材\第1章\.花朵背景.jpg

步骤01 打开"花朵背景.jpg"素材图像，如图1-84所示。

图1-84 打开素材图像

步骤02 选择画笔工具，单击工具属性栏中的按钮，打开"画笔"面板，选择"柔角"画笔样式，然后设置大小为12、间距为400%，如图1-85所示。

步骤03 选中"形状动态"复选框，设置各参数如图1-86所示。

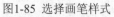

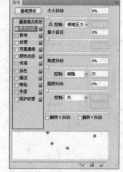

图1-85 选择画笔样式　　　图1-86 设置参数

步骤04 选中"散布"复选框，设置各参数如图1-87所示。

步骤 05 选中"传递"复选框，设置不透明度抖动为100%，然后再设置其他参数，如图1-88所示。

图1-87 散布参数　　图1-88 传递参数

步骤 06 设置前景色为白色，使用设置好的画笔工具在图像中拖动，绘制出白色星光图像，如图1-89所示。

图1-89 绘制图像

步骤 07 调整画笔大小为38，继续在图像中绘制圆点，最终效果如图1-90所示。

图1-90 最终效果

实例011 打造人物高贵气质

　　本例将为照片中的人物打造高贵的气质，通过本实例的学习，读者可以掌握纯色填充图层的设置和应用，其操作流程如图1-91所示。

素材图像　　　　　新建填充图层　　　　叠加效果　　　　　最终效果

图1-91 操作流程图

技法解析

　　本实例所制作的紫色调人物图像效果，主要通过为图像添加纯色填充图层，并添加紫色调，然后通过设置图层混合模式得到最终效果。

实例路径	实例\第1章\打造人物高贵气质.psd
素材路径	素材\第1章\美女.jpg

步骤01 打开 "美女.jpg" 素材图像,选择 "图层" | "新建填充图层" | "纯色" 命令,打开 "新建图层" 对话框,设置名称为 "冷调"、模式为 "柔光"、不透明度为 75%,单击 "确定" 按钮,如图1-92所示。

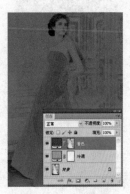

图1-94 载入图像选区　　　图1-95 图像效果

步骤05 按【Ctrl+Alt+Shift+E】组合键盖印图层,得到图层1,再按【Ctrl+J】组合键复制图层1,设置图层1副本的图层混合模式为 "颜色减淡",如图1-96所示。

图1-92 新建填充图层

步骤02 在打开的对话框中设置颜色为暗青色 (R14,G144,B187),单击 "确定" 按钮,图像效果如图1-93所示。

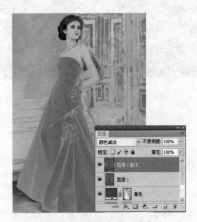

图1-96 设置图层混合模式

步骤06 按【Ctrl+E】组合键向下合并图层,得到图层1;再按【Ctrl+J】组合键复制图层1,得到图层1副本,设置图层1副本的图层混合模式为 "叠加",得到的图像效果如图1-97所示。

步骤07 新建图层2,在窗口中按个人喜好添加各种图案作为装饰,丰富画面效果,完成整个操作,最终效果如图1-98所示。

图1-93 图像效果

步骤03 切换到 "通道" 面板,按住【Ctrl】键单击蓝通道,载入选区,如图1-94所示。

步骤04 选择 "图层" | "新建填充图层" | "纯色" 命令,在打开的对话框中设置名称为着色,单击 "确定" 按钮;再拾取实色为暗紫色 (R69,G55,B89),单击 "确定" 按钮,此时图像的效果如图1-95所示。

图1-97 图像效果　　　图1-98 最终效果

实例012 带花的少女

　　本实例将制作一个带花的少女图像，通过本实例的学习，读者可以掌握选区的绘制，以及扩大选区和选取相似命令的应用，其操作流程如图1-99所示。

绘制选区　　　　　　　　扩大选区　　　　　　　　最终效果

图1-99 操作流程图

技法解析

　　本实例所制作的带花少女图像，首先绘制一个选区，然后应用"选取相似"和"扩大选取"命令，获取花朵图像，最后将其移动到少女头上，得到最终效果。

实例路径	实例\第1章\带花的少女.psd
素材路径	素材\第1章\青春.jpg、牡丹花.jpg

步骤01 打开"牡丹花.jpg"素材图像，选择工具箱中的套索工具，单击工具属性栏中的"添加到选区"按钮，在牡丹花内绘制选区，如图1-100所示。

图1-100 绘制选区

步骤 02 选择"选择"|"选取相似"命令，此时与原选区内像素色彩相似的图像部分被加入选区，再选择"选择"|"扩大选取"命令，此时牡丹花基本上都被选中，如图1-101所示。

图1-101 扩大选择范围

步骤 03 按【Shift+F6】组合键，打开"羽化选区"对话框，设置羽化半径为2像素，单击"确定"按钮，如图1-102所示。

图1-102 "羽化选区"对话框

步骤 04 打开"青春.jpg"素材图像，选择移动工具，按住【Shift】键不放，拖动牡丹花图像到"青春"图像窗口中，并适当调整图像的大小和位置，如图1-103所示。

图1-103 调整图像大小和位置

步骤 05 按【Ctrl+J】组合键复制一次牡丹花图层，设置该图层混合模式为"叠加"，如图1-104所示。

图1-104 设置图层混合模式

步骤 06 选择"图层"|"图层样式"|"投影"命令，设置投影参数分别为6、0、27，颜色为红色（R219,G35,B117），如图1-105所示。

图1-105 设置投影参数

技巧提示

　　Photoshop CS5提供了多种图层样式，用户可以应用其中一种或多种样式，使用它们时只需简单设置各个参数就可以轻易地制作出投影、外发光、内发光、浮雕、描边等效果。

技巧提示

　　"投影"样式可以为图层内容增加阴影效果，主要用来增加图像的层次感，生成的投影效果沿图像边缘向外扩展。

实例013 漩涡边缘

本实例将制作一个漩涡边缘图像，通过本实例的学习，读者可以掌握"调整边缘"命令的使用方法，其操作流程如图1-106所示。

绘制选区 　　　　　添加快速蒙版 　　　　　最终效果

图1-106 操作流程图

 技法解析

本实例所制作的漩涡边缘图像，首先绘制一个椭圆形选区，然后应用"调整边缘"命令，对图像添加快速蒙版并应用多种滤镜，得到最终效果。

实例路径	实例\第1章\漩涡边缘.psd
素材路径	素材\第1章\金发美女.jpg

步骤01 打开"金发美女.jpg"素材图像，复制出背景副本图层。选择椭圆工具 ⬭，在人物脸部创建椭圆选区，如图1-107所示。

图1-107 绘制椭圆选区

步骤02 选择"选择"|"调整边缘"命令，在打开的对话框中依次设置参数为4、21、27、8和-10，如图1-108所示。

步骤03 单击"确定"按钮，选择"选择"|"反向"命令，将选区反向，填充为蓝色（R28,G142,B193），得到的图像效果如图1-109所示。

图1-108 调整边缘 　　　　　图1-109 填充选区

步骤 04 选择矩形选框工具 ▣，绘制一个矩形选区，将选区反向，单击"快速蒙版"按钮 ◙，进入蒙版编辑模式，如图1-110所示。

步骤 05 选择"滤镜"|"像素化"|"晶格化"命令，在打开的对话框中设置单元格大小为20，单击"确定"按钮；再选择"滤镜"|"画笔描边"|"喷溅"命令，打开"喷溅"对话框，设置参数为22和4，单击"确定"按钮，如图1-111所示。

图1-110 快速蒙版模式　　图1-111 设置描边参数

步骤 06 选择"滤镜"|"扭曲"|"挤压"命令，打开"挤压"对话框，设置数量为100%，单击"确定"按钮；再选择"滤镜"|"扭曲"|"旋转扭曲"命令，打开"旋转扭曲"对话框，设置角度为999°，单击"确定"按钮，图像效果如图1-112所示。

步骤 07 按【Q】键退出蒙版编辑模式，将选区载入，新建图层1，将选区填充为粉红色（R243,G154,B209），效果如图1-113所示。

图1-112 滤镜效果　　　图1-113 填充效果

步骤 08 选择"图层"|"图层样式"|"描边"命令，设置描边大小为2、位置为"居中"、不透明度为56%、颜色为浅蓝色（R132,G255,B233），如图1-114所示。

图1-114 设置描边参数

步骤 09 单击"确定"按钮，完成图层样式的设置，此时将得到选区的描边效果，如图1-115所示。

图1-115 描边效果

步骤 10 选择横排文字工具，输入文字并为文字图层添加图层混合模式和图层样式，即可完成该实例的制作，其最终效果如图1-116所示。

图1-116 最终效果

实例014 立体画框

本实例将制作一个立体画框图像，通过本实例的学习，读者可以掌握多边形工具的应用，及外发光命令和图形变换的操作技巧，其操作流程如图1-117所示。

绘制背景图像　　　　　　　绘制多边形图像　　　　　　　最终效果

图1-117 操作流程图

 技法解析

本实例所制作的立体画框图像，首先制作渐变背景图像，并在其中添加星光图像效果，然后绘制出相同形状不同大小的透明多边形，最后加入素材图像，完成整个操作。

实例路径	实例\第1章\立体画框.psd
素材路径	素材\第1章\花朵.jpg

步骤01 新建一个图像文件，选择渐变工具，在编辑窗口中从上到下做线性渐变填充，设置颜色为从深绿色（R6,G83,B64）到淡绿色（R169,G227,B167），如图1-118所示。

步骤02 选择画笔工具，打开"大小"面板，单击右上角的三角形按钮，在弹出的下拉菜单中选择"混合画笔"命令，选择"星爆-小"样式，在画面中绘制出白色星光图像，如图1-119所示。

图1-118 渐变填充效果

图1-119 绘制白色星光

🔒 **技巧提示**

所谓渐变效果，就是具有两种或两种以上过渡颜色的混合色。

步骤03 新建一个图层，使用多边形工具绘制一个多边形选区，并填充为白色，如图1-120所示。

图1-120 填充选区

步骤04 选择"图层"|"图层样式"|"外发光"命令，在打开的对话框中设置外发光颜色为白色，其余参数设置如图1-121所示。

图1-121 设置外发光参数

步骤05 在"图层"面板中设置图层不透明度为33%，然后再绘制一个多边形选区，并填充为黄色（R255,G251,B142），设置图层不透明度为39%，效果如图1-122所示。

图1-122 图像效果

步骤06 打开"花朵.jpg"素材图像，使用移动工具将其移动到当前图像中，并进行自由变换，得到的图像效果如图1-123所示。

图1-123 自由变换图像

步骤07 按住【Ctrl】键选择除背景图层以外的所有图层，按【Ctrl+E】组合键合并图层，再按【Ctrl+J】组合键得到复制的副本图层，如图1-124所示。

图1-124 合并和复制图层

步骤08 选择"图像"|"变换"|"垂直翻转"命令，垂直翻转图像，然后对其进行斜切操作，并使用橡皮擦工具适当擦除图像，得到投影效果，如图1-125所示。

图1-125 最终效果

技巧提示

当用户在绘制图像时，选择"编辑"|"还原"命令可以撤销最近一次进行的操作；选择一次"编辑"|"返回"命令可以向前撤销一步操作；每选择一次"编辑"|"向前"命令可以向后重做一步操作。

实例015 发光花朵

本例将制作一个发光花朵图像，通过本实例的学习，读者可以掌握"定义画笔"命令的使用方法，其操作流程如图1-126所示。

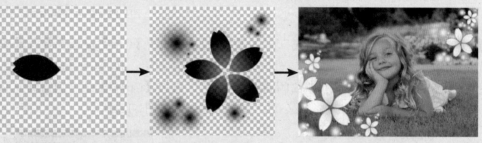

绘制单个花瓣　　　　　　　完成的花瓣图像　　　　　　　最终效果

图1-126 操作流程图

技法解析

本实例所制作的发光花朵图像，首先绘制出花瓣图像，然后载入图像选区，并定义画笔样式，最后在图像中绘制出定义的画笔样式图像。

实例路径	实例\第1章\发光花朵.psd
素材路径	素材\第1章\小女孩.jpg

步骤01 新建一个图像文件，新建图层1，然后选择椭圆选框工具◯，按住【Shift】键在编辑窗口中绘制正圆选区，并填充为黑色，如图1-127所示。

技巧提示

按【Ctrl+Z】组合键可以撤销最近一次进行的操作。

图1-127 绘制圆形

步骤02 按【↓】方向键多次，垂直向下移动
选区，再按【Ctrl+Shift+I】组合键反向选
取，然后删除选区内容，如图1-128所示。

图1-128 删除图像

步骤03 按住【Ctrl】键单击图层1，载入图像
选区，将选区水平向左移动，将选区移动
到黑色图像左侧尖部，如图1-129所示。

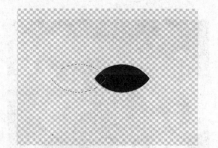

图1-129 移动选区

步骤04 按【Delete】键删除选区内容，得到
一个花瓣图形，如图1-130所示。

图1-130 花瓣图形

步骤05 按住【Ctrl】键单击图层1的缩览图，
载入花瓣图形的外轮廓选区，按【Ctrl+T】
组合键，拖动调节框的中心到调节框外部
右侧节点偏下位置（如图1-131所示），在
工具属性栏中设置旋转为72°。

图1-131 旋转图像

步骤06 确定变换，按【Ctrl+Alt+Shift+T】组
合键4次，在图层1内连续复制图形，直到
花瓣旋转一周，然后按【Ctrl+D】组合键取
消选区，图像效果如图1-132所示。

图1-132 设置描边参数

步骤07 选择橡皮擦工具，设置画笔为柔角
125像素、不透明度为20%，在花朵的中心
位置单击两次，擦除花心的部分像素。再
使用画笔工具 ✐，选择柔角画笔，在空白
区域单击，绘制朦胧的黑色圆点，绘制过
程中按住【[】键或【]】键可随意改变画
笔的主直径大小，效果如图1-133所示。

图1-133 绘制圆点

步骤08 选择"编辑"|"定义画笔预设"命令，打开"画笔名称"对话框，使用自动设置的文件名称，单击"确定"按钮，如图1-134所示。

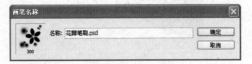

图1-134 定义画笔

步骤09 打开"小女孩.jpg"素材图像，新建图层1，设置前景色为白色，选择画笔工具 ，此时系统将自动选择新定义的花瓣笔刷画笔，在窗口左下角和右上角单击绘制花朵图案，如图1-135所示。

图1-135 绘制花朵图案

步骤10 选择"图层"|"图层样式"|"外发光"命令，设置其混合模式为"正常"，发光颜色为橙色（R255,G120,B0）、大小为8像素（如图1-136所示），单击"确定"按钮完成操作，最终效果如图1-137所示。

图1-136 绘制圆形图像

图1-137 最终效果

实例016 水晶边饰

本例为图像制作水晶边饰效果，通过本实例的学习，读者可以掌握"画布大小"对话框和"样式"面板的使用方法，其操作流程如图1-138所示。

打开素材图像　　　　　　调整画布　　　　　　最终效果

图1-138 操作流程图

技法解析

本实例所制作的水晶边饰图像，首先通过"画布大小"对话框缩小画布尺寸，然后获取图像选区，添加水晶图层样式，即可得到边框效果。

实例路径	实例\第1章\水晶边饰.psd
素材路径	素材\第1章\蝴蝶.jpg

步骤01 打开"蝴蝶.jpg"素材图像，在编辑窗口的标题栏上单击鼠标右键，在弹出的快捷菜单中选择"画布大小"命令，如图1-139所示。

图1-139 打开素材图像

步骤02 在弹出的"画布大小"对话框中更改宽度为22厘米、高度为17厘米，如图1-140所示。

图1-140 调整画布大小

步骤03 单击"确定"按钮扩大画布，利用魔棒工具单击背景图像的空白区域，获取选区，如图1-141所示。

图1-141 获取选区

步骤04 新建图层1，并将其填充为白色，按【Ctrl+D】组合键取消选区范围，如图1-142所示。

图1-142 新建图层

步骤05 单击"样式"面板中的"蓝色玻璃"按钮（如图1-143所示），为图层1添加图层样式，白色矩形框转变为水晶玻璃效果，完成本实例的操作，效果如图1-144所示。

图1-143 选择图层样式

图1-144 最终效果

🔒 **技巧提示**

　　选择"图层"|"图层样式"|"缩放效果"命令，可以在打开的对话框中通过参数调整水晶效果。

实例017 金属鱼形

　　本实例将制作一个金属鱼形图像，通过本实例的学习，读者可以掌握"光照效果"滤镜的具体使用方法，其操作流程如图1-145所示。

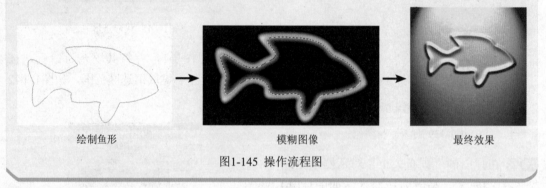

绘制鱼形　　　　　　　模糊图像　　　　　　最终效果

图1-145 操作流程图

 技法解析

　　本实例所制作的金属鱼形图像，首先通过"通道"面板制作出鱼形图像的轮廓，然后对图像应用"光照效果"滤镜，得到立体鱼形效果。

实例路径	实例\第1章\金属鱼形.psd	
素材路径	素材\第1章\无	

步骤01 新建图像文件，选择自定形状工具 🐾，单击工具属性栏上形状旁边的三角形按钮，打开"形状"面板，单击"形状"面板右上角的三角形按钮，在弹出的快捷菜单中选择"动物"命令，如图1-146所示。

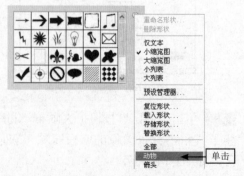

图1-146 选择"动物"命令

步骤02 这时将弹出一个提示信息框，单击"确定"按钮即可，如图1-147所示。

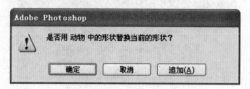

图1-147 提示信息框

步骤03 选择"形状"面板中的"鱼"形状（如图1-148所示），单击工具属性栏上的"路径"按钮，然后在图像窗口中绘制鱼形路径，如图1-149所示。

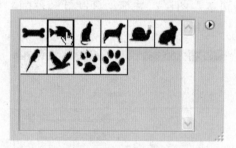

图1-148 选择形状

图1-149 绘制图形

步骤04 按【Ctrl+Enter】组合键将路径转换为选区，如图1-150所示。

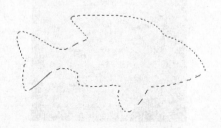

图1-150 将路径转换为选区

步骤05 选择"选择"|"存储选区"命令，弹出"存储选区"对话框，设置名称为鱼形（如图1-151所示），单击"确定"按钮。

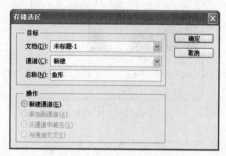

图1-151 "存储选区"对话框

步骤06 这时"通道"面板中将出现一个"鱼形"通道，如图1-152所示。

图1-152 "通道"面板

步骤07 拖动"鱼形"通道到"通道"面板下方的"创建新通道"按钮上，复制出"鱼形副本"通道，如图1-153所示。

图1-153 复制通道

步骤08 选择"滤镜"|"模糊"|"高斯模糊"命令，打开"高斯模糊"对话框，设置半径为5，如图1-154所示。

图1-154 设置模糊参数

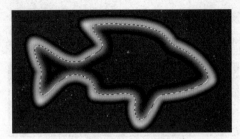

图1-157 填充选区

步骤09 单击"确定"按钮，得到图形的模糊效果，切换到"通道"面板，按住【Ctrl】键不放，单击"鱼形"通道，载入其选区范围，如图1-155所示。

步骤12 单击RGB通道，再选择背景图层，选择"滤镜"|"渲染"|"光照效果"命令，打开"光照效果"对话框，设置颜色为橘黄色（R255,G127,B0）、纹理通道为"鱼形副本"图层，并拖动椭圆灯光范围，如图1-158所示。

图1-155 载入选区

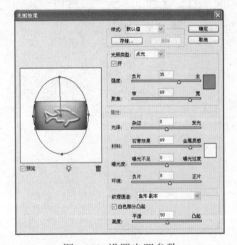

图1-158 设置光照参数

步骤10 选择"选择"|"修改"|"收缩"命令，打开"收缩选区"对话框，设置收缩量为10，单击"确定"按钮，如图1-156所示。

步骤13 单击"确定"按钮，得到金属鱼形图像的最终效果，如图1-159所示。

图1-156 "收缩选区"对话框

步骤11 按【Ctrl+Alt+D】组合键，打开"羽化选区"对话框，设置参数为10。单击"鱼形副本"通道，设置前景色为黑色，按【Alt+Delete】组合键进行填充，按【Ctrl+D】组合键取消选区，如图1-157所示。

图1-159 图像最终效果

实例018 绕图文字

本例将制作绕图文字效果，通过本实例的学习，读者可以掌握钢笔工具和文字工具的具体使用方法，其操作流程如图1-160所示。

打开素材图像　　　　　　　　输入文字　　　　　　　　最终效果

图1-160 操作流程图

 技法解析

本实例所制作的绕图文字效果，首先使用钢笔工具沿图像边缘绘制路径，然后使用文字工具在路径上输入文字，使文字围绕路径排列，得到绕图文字效果。

实例路径	实例\第1章\绕图文字.psd
素材路径	素材\第1章\雏菊.jpg

步骤01 选择"文件" | "打开"命令，打开"雏菊.jpg"素材图像，选择钢笔工具，沿花卉边缘绘制路径，形成封闭路径，如图1-161所示。

图1-161 绘制封闭路径

步骤02 选择横排文字工具 T ，然后设置文字大小为18点，其他参数保持默认设置，

在路径上单击并输入任意的字母，如图1-162所示。

图1-162 输入文字

步骤03 双击文字与文字间的任意空隙处，选择所有的文字，如图1-163所示。

步骤04 单击属性栏上的字体列表，设置文字的字体为Wingdings，效果如图1-164所示。

图1-163 选择所有文字

图1-164 设置字体效果

步骤05 单击工具属性栏上的颜色色块，打开"选择文本颜色"对话框，设置颜色为蓝色（R12,G0,B255），再单击工具属性栏上的"切换字符和段落面板"按钮 ，设置行距为48点、字符比例为50%、字距为-100，如图1-165所示。

图1-165 "字符"面板

步骤06 设置好文字属性后，得到的效果如图1-166所示。

图1-166 文字效果

步骤07 选择移动工具，取消文字选择状态，最终效果如图1-167所示。

图1-167 最终效果

PART

第2章

图像颜色调整

为了使图片既完善又丰富，常常需要在图片后期进行美化和修饰等艺术加工处理，如恢复图片颜色、平衡图像色彩和调整图片的黑白色等。

本章将通过21个案例，详细讲解图像颜色调整命令的具体使用方法。

效果展示 XIAOGUO ZHANSHI

实例019 变靓部分图像

本例将为图像做变靓操作，通过本实例的学习，读者可以掌握"色阶"和"亮度/对比度"对话框的调整技巧，其操作流程如图2-1所示。

绘制选区　　　　　　　　　　描边效果　　　　　　　　　　最终效果

图2-1 操作流程图

 技法解析

本实例学习对图像中的某一部分进行亮度调整的方法，其操作很简单，首先运用选框工具框选需要操作的图像区域，然后再对图像进行颜色调整即可。

实例路径	实例\第2章\变靓图像.psd
素材路径	素材\第2章\花朵.jpg

步骤01 打开"花朵.jpg"素材图像，选择矩形选框工具 □，单击属性栏中的"新选区"按钮，在图像中按住鼠标左键并拖动，绘制出一个矩形选区，如图2-2所示。

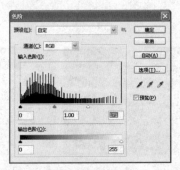

图2-3 调整色阶

图2-2 绘制选区

步骤02 选择"图像"|"调整"|"色阶"命令，在打开的对话框中设置参数分别为0、1和171（如图2-3所示），单击"确定"按钮，选区中的图片将会变亮，如图2-4所示。

图2-4 图像变亮

步骤03 选择"编辑"|"描边"命令，在打开的"描边"对话框中设置宽度为3像素，设置颜色为白色，选中"居中"单选按钮，再设置不透明度为40%，如图2-5所示。

图2-5 设置描边参数

步骤04 单击"确定"按钮，按【Ctrl+D】组合键取消选区，效果如图2-6所示。

图2-6 图像效果

步骤05 再使用矩形选框工具在画面左侧绘制一个矩形选区，如图2-7所示。

图2-7 绘制选区

步骤06 选择"图像"|"调整"|"亮度/对比度"命令，打开"亮度/对比度"对话框，设置亮度为66（如图2-8所示），单击"确定"按钮。

图2-8 调整图像亮度

步骤07 打开"描边"对话框，同样设置宽度为3像素，设置颜色为白色，选中"居中"单选按钮，再设置不透明度为40%，单击"确定"按钮，图像效果如图2-9所示。

图2-9 图像效果

步骤08 再次绘制选区，对图像进行亮度调整，为选区描边，效果如图2-10所示。

图2-10 图像效果

📷 技巧提示

使用"亮度/对比度"命令能整体调整图像的亮度和对比度，从而实现对图像色调的调整。

步骤09 选择直排文字工具，在画面右侧输入
两行文字，颜色为白色，如图2-11所示。

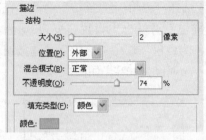

图2-12 设置描边参数

图2-11 输入文字

步骤10 设置文字图层的图层混合模式为
"叠加"，然后选择"图层"|"图层
样式"|"描边"命令，在打开的对话
框中设置描边大小为2、颜色为淡紫色
（R255,G181,B237），如图2-12所示。

步骤11 单击"确定"按钮，得到文字的描边
效果，如图2-13所示。

图2-13 最终效果

实例020 曲线美图

本例将制作一个曲线美图，通过本实例的学习，读者可以掌握"曲线"和"自然
饱和度"命令的基本应用，其操作流程如图2-14所示。

绘制直线　　　　　　　　　　调整图像　　　　　　　　　　最终效果

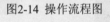

图2-14 操作流程图

技法解析

本实例将为图像绘制多条直线，并进行色调调整。操作方法很简单，首先运用单行选
框工具绘制出多条直线，然后为图像进行颜色调整，最后输入文字即可。

	实例路径	实例\第2章\曲线美图.psd
	素材路径	素材\第2章\桃花朵朵.jpg

步骤01 打开"桃花朵朵.jpg"素材图像，新建图层1，利用单行选框工具 ，在图像中绘制选区，并填充为白色，如图2-15所示。

图2-15 绘制单行选区

步骤02 按【Ctrl+Alt+T】组合键，打开自由变换调节框，适当向下移动，再按【Enter】键确定，这时在"图层"面板中得到图层1副本，如图2-16所示。

图2-16 复制直线

步骤03 按【Ctrl+Alt+Shift+T】组合键，重复上一次的移动复制操作，复制多条直线，再按【Ctrl+E】组合键向下合并图层，得到图层1，如图2-17所示。

图2-17 复制多条直线

步骤04 选择椭圆选框工具 ，按住【Shift】键，绘制正圆选区，再按【Delete】键，删除选区内容，如图2-18所示。

图2-18 删除图像

步骤05 选择背景图层，选择"图像"|"调整"|"曲线"命令，在打开的对话框中调整曲线，如图2-19所示。

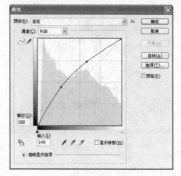

图2-19 调整曲线

步骤06 单击"确定"按钮，选择"图像"|"调整"|"自然饱和度"命令，在打开的对话框中调整参数，如图2-20所示。

图2-20 调整自然饱和度

步骤07 新建图层2，设置图层不透明度为20%，选择钢笔工具，绘制弧线分界线并包括右边部分的路径，按【Ctrl+Enter】组合键将路径转化为选区，将其填充为白色，效果如图2-21所示。

图2-21 填充选区

步骤08 选择"选择"|"反向"命令，反选选区，按【Ctrl+M】组合键分别选择红、绿和蓝通道，并添加曲线调节点，对曲线进行调整，效果如图2-22所示。

图2-22 图像效果

步骤09 调整好图片的颜色以后，在图片中添加一些曲线文字，使整幅图片更加完整，从而让图片的内容更加丰富，如图2-23所示。

图2-23 添加文字

技巧提示

在"曲线"对话框中调整曲线时，双击曲线可以得到一个调整点，如果想要将调整的曲线恢复原状，可以按住【Alt】键，这时"取消"按钮将变为"复位"按钮，单击该按钮即可。

实例021 特殊色彩

本例将为图像调出特殊色彩，通过本实例的学习，读者可以掌握"色彩平衡"对话框的详细使用方法，其操作流程如图2-24所示。

打开素材图像

调整图像

最终效果

图2-24 操作流程图

技法解析

本实例为图像调出特殊色调，首先打开"色彩平衡"对话框，然后分别选择"阴影"、"中间调"和"高光"选项，设置相应参数，从而得到最终效果。

	实例路径	实例\第2章\特殊色彩.psd
	素材路径	素材\第2章\模特.jpg

步骤01 打开"模特.jpg"素材图像，下面将为这张图像调整色调，如图2-25所示。

图2-25 打开素材

步骤02 选择"图像"|"调整"|"色彩平衡"命令，打开"色彩平衡"对话框，选中"阴影"单选按钮，设置参数为-100、-43和-20，如图2-26所示。

图2-26 调整"阴影"色调

 技巧提示

在"色阶"对话框中，"阴影"、"中间调"和"高光"分别对应图像中的低色调、半色调和高色调。

步骤03 选中"中间调"单选按钮，设置参数为-43、41和-100，此时图片呈现明显的青绿色调，如图2-27所示。

图2-27 调整"中间调"色调

步骤04 选中"高光"单选按钮，设置参数为48、27和-45，如图2-28所示。

图2-28 调整"高光"色调

步骤05 选择直排文字工具，在画面左上方输入文字（如图2-29所示），完成案例的制作。

图2-29 最终效果

实例022 艳丽对比

本例将为图像制作较强烈的对比效果，通过本实例的学习，读者可以掌握"亮度/对比度"命令的详细使用方法，其操作流程如图2-30所示。

绘制选区

最终效果

图2-30 操作流程图

技法解析

本实例为图像调整亮度和对比度，首先绘制出选区，然后打开"亮度/对比度"对话框，对选区中的图像进行调整，最后输入文字并设置其效果。

实例路径	实例\第2章\艳丽对比.psd
素材路径	素材\第2章\粉红花朵.jpg

步骤01 打开"粉红花朵.jpg"素材图像，选择矩形选框工具，按住【Shift】键绘制两次选区，得到加选的选区效果，如图2-31所示。

图2-31 建立选区

步骤02 选择"图像"|"调整"|"亮度/对比度"命令，打开"亮度/对比度"对话框，设置亮度为42、对比度为35，图像效果如图2-32所示。

步骤03 选择"选择"|"反向"命令，反向选区，再打开"亮度/对比度"对话框，调整亮度为-25、对比度为57，如图2-33所示。

图2-32 图像效果

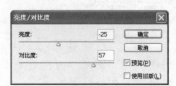
图2-33 调整参数

步骤04 单击"确定"按钮，得到有强烈对比效果的图像，如图2-34所示。

图2-34 图像对比效果

步骤05 选择"编辑"|"描边"命令，在打开的对话框中设置描边宽度为3、颜色为粉紫色（R248,G31,B104）、不透明度为50%，单击"确定"按钮，效果如图2-35所示。

图2-35 图像描边效果

步骤06 选择工具箱中的横排文字工具，在图像右侧输入文字，并填充为紫色（R189,G15,B126），如图2-36所示。

图2-36 输入文字

步骤07 在"图层"面板中设置文字图层的混合模式为颜色减淡，然后按【Ctrl+J】组合键复制一次文字图层，如图2-37所示。

图2-37 复制文字图层

步骤08 选择"图层"|"栅格化"|"文字"命令，将文字图层转换为普通图层，然后选择"滤镜"|"模糊"|"高斯模糊"命令，在打开的对话框中设置半径为3.5，如图2-38所示。

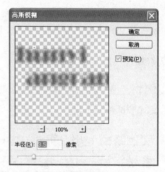

图2-38 设置模糊参数

步骤09 单击"确定"按钮，得到文字的模糊效果，使用移动工具适当向下移动图像，完成本案例的制作，效果如图2-39所示。

图2-39 最终效果

技巧提示

　　"亮度/对比度"命令是简单的调整命令，专用于调整图像亮度和对比度。

实例023 黑白世界

本例将为图像制作黑白效果，通过本实例的学习，读者可以掌握"黑白"命令的详细使用方法，其操作流程如图2-40所示。

添加快速蒙版　　　　　　　制作黑白图像　　　　　　　最终效果

图2-40 操作流程图

技法解析

本实例将一幅彩色图像转换为黑白效果，首先通过快速蒙版获取图像选区，然后打开"黑白"对话框对选区中的图像进行调整，即可得到图像效果。

	实例路径	实例\第2章\黑白世界.psd
	素材路径	素材\第2章\豆芽.jpg

步骤01 打开"豆芽.jpg"素材图像，选择画笔工具 ，单击工具属性栏上的"画笔"下拉按钮，打开其下拉面板，选择"喷溅"样式，再设置画笔大小为100，如图2-41所示。

步骤02 单击工具箱下方的"以快速蒙版模式编辑"按钮 ，在窗口中绘制图形，如图2-42所示。

图2-42 绘制图形

步骤03 单击工具箱下方的"以标准模式编辑"按钮，选择"选择"|"反向"命令，反选选区，选择"图像"|"调整"|"黑白"命令，在打开的"黑白"对话框中设置各项参数，单击"确定"按钮，如图2-43所示。

图2-41 选择画笔样式

步骤04 反选选区，选择"滤镜"|"模糊"|"高斯模糊"命令，打开"高斯模糊"对话框，在其中设置半径为5像素，单击"确定"按钮，如图2-44所示。

图2-43 创建黑白图像

图2-44 模糊图像

步骤05 按【Ctrl+J】组合键，将选区内容复制到新建图层中，再次打开"黑白"对话框，选中"色调"复选框，设置色相为99、饱和度为46，单击"确定"按钮，效果如图2-45所示。

图2-45 设置色相与饱和度

步骤06 双击图层1后面的空白处，打开"图层样式"对话框，选中"描边"复选框，设置颜色为黑色、大小为1、不透明度为45%，如图2-46所示。

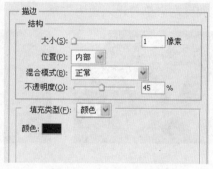

图2-46 设置"描边"参数

步骤07 单击"确定"按钮，得到最终的图像效果，如图2-47所示。

图2-47 最终效果

技巧提示

选择画笔工具后，按【[】键可缩小画笔样式的主直径，按【]】键可放大画笔样式的主直径。

如果要绘制水平或笔直的画笔效果，可在图像窗口中单击鼠标确定起点，然后在按住【Shift】键的同时用鼠标在另一处单击即可。

实例024 色彩斑斓

本例将制作一个色彩斑斓的图像效果，通过本实例的学习，读者可以掌握"色相/饱和度"命令的详细使用方法，其操作流程如图2-48所示。

绘制路径　　　　　　　　　　调整选区颜色　　　　　　　　　　最终效果

图2-48 操作流程图

 技法解析

本实例为一幅单色图像添加颜色，首先通过钢笔工具获取图像选区，然后打开"色相/饱和度"对话框对选区中的图像进行调整，最后添加相应文字。

实例路径	实例\第2章\色彩斑斓.psd
素材路径	素材\第2章\单色.jpg

步骤01 打开"单色.jpg"素材图像，选择钢笔工具，单击属性栏中的"路径"按钮，在窗口中绘制路径，如图2-49所示。

图2-49 绘制路径

步骤02 按【Ctrl+Enter】组合键，将路径转换为选区，选择"选择"|"修改"|"羽化"命令，在打开的"羽化选区"对话框中设置羽化半径为5像素，如图2-50所示。

图2-50 设置羽化半径

步骤03 选择"图像"|"调整"|"色相/饱和度"命令，在打开的"色相/饱和度"对话框中设置色相、饱和度和明度为38、100和-40，单击"确定"按钮，如图2-51所示。

图2-51 填充选区

步骤04 使用同样的方法绘制路径并羽化选区，调整其颜色，效果如图2-52所示。

步骤05 参照上述方法，利用钢笔工具创建不同的选区，并为其填充颜色。选择工具箱中的直排文字工具 **T**，在窗口中输入文字，完成本实例的制作，最终效果如图2-53所示。

图2-52 图像效果

图2-53 最终效果

实例025 改变单个图像颜色

本例将改变图像中鲜花的颜色，通过本实例的学习，读者可以掌握调整图层的使用方法，其操作流程如图2-54所示。

绘制选区　　　　　　改变图像颜色　　　　　　最终效果

图2-54 操作流程图

 技法解析

本实例改变花朵的颜色，首先绘制出图像选区，然后为图像添加调整图层，从而改变选区内图像的颜色。

实例路径	实例\第2章\改变单个图像颜色.psd
素材路径	素材\第2章\草地.jpg

步骤01 打开"草地.jpg"素材图像，选择工具箱中的磁性套索工具 ，单击属性栏中的"添加到选区"按钮，在图像中勾勒左右两侧的黄色花朵边缘，如图2-55所示。

图2-55 绘制选区

图2-58 获取选区

技巧提示

　　使用磁性套索工具可以在图像中沿颜色边界捕捉像素，从而形成选区。

步骤02 选择"选择"|"修改"|"羽化"命令，打开"羽化选区"对话框，设置羽化半径为1像素，如图2-56所示。

步骤05 单击"图层"面板下方的"创建新的填充或调整图层"按钮，在弹出的下拉菜单中选择"色相/饱和度"选项，进入"调整"面板，选中"着色"复选框，然后设置各项参数，如图2-59所示。

图2-56 设置羽化半径

步骤03 单击"图层"面板下方的"创建新的填充或调整图层"按钮，在弹出的下拉菜单中选择"色相/饱和度"选项，进入"调整"面板，在其中分别设置参数为-116、8和11，如图2-57所示。

图2-59 调整图像颜色

步骤06 使用磁性套索工具勾选左侧的两朵鲜花图像，如图2-60所示。

图2-57 调整图像颜色

图2-60 获取选区

步骤04 使用磁性套索工具勾选其他两朵鲜花图像，并羽化选区，如图2-58所示。

步骤07 单击"图层"面板下方的"创建新的填充或调整图层"按钮，在弹出的下拉菜单中选择"曲线"选项，打开"曲线"面板，调整曲线如图2-61所示。

图2-61 调整曲线

输出：172　输入：114

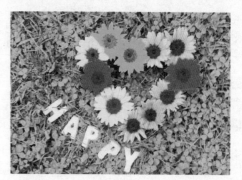

图2-62 图像效果

步骤08 单击"确定"按钮，得到图像的调整效果（如图2-62所示），这时"图层"面板中将出现多个调整图层。

技巧提示

使用调整图层可以在创建过程中根据需要对图像进行色调或色彩调整，也可以在创建后随时修改调整参数，而不用担心会损坏原来的图像。

实例026 调整出特殊色调

本例将改变图像中的特殊色调，通过本实例的学习，读者可以掌握"可选颜色"命令的详细使用方法，其操作流程如图2-63所示。

打开图像　　　　调整红色　　　　调整绿色　　　　最终效果

图2-63 操作流程图

技法解析

本实例对图像局部的色调进行调整，首先打开"可选颜色"对话框，然后选择多种颜色进行参数调整，最后添加文字即可。

实例路径	实例\第2章\调整出特殊色调.psd
素材路径	素材\第2章\个性美女.jpg

步骤01 打开"个性美女.jpg"素材图像，如图2-64所示。

步骤02 选择"图像"|"调整"|"可选颜色"命令，打开"可选颜色"对话框，在其中设置颜色为中性色，设置参数为24、-28、20和-10（如图2-65所示），然后单击"确定"按钮。

步骤04 选择"图像"|"调整"|"可选颜色"命令，在打开的对话框中设置颜色为绿色，设置参数为-100、100、-100和100（如图2-68所示），单击"确定"按钮，图像效果如图2-69所示。

步骤05 在"可选颜色"对话框中分别选择"蓝色"、"中性色"和"黑色"，适当设置参数，调整后的效果如图2-70所示。

步骤06 选择横排文字工具T，在窗口中分别输入不同颜色的文字，效果如图2-71所示。

图2-64 打开图像　　图2-65 调整参数

步骤03 选择"图像"|"调整"|"可选颜色"命令，在打开的对话框中设置颜色为红色，设置参数为-45、100、-100和-18（如图2-66所示），单击"确定"按钮，图像效果如图2-67所示。

图2-68 设置参数　　图2-69 图像效果

图2-66 设置参数　　图2-67 图像效果

图2-70 图像效果　　图2-71 输入文字

实例027 调整肌肤颜色

本例将图像中的人物肌肤制作成古铜色，通过本实例的学习，读者可以进一步掌握调整图层的使用方法，其操作流程如图2-72所示。

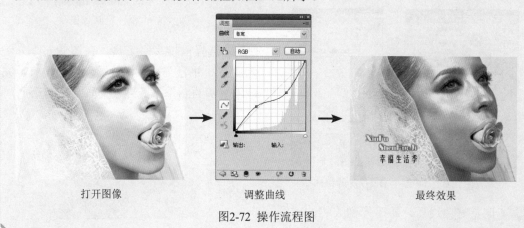

打开图像　　　　　　　　　　调整曲线　　　　　　　　　　最终效果

图2-72 操作流程图

 技法解析

本实例改变人物肌肤颜色，首先进入"调整"面板，然后通过色调的调整，使人物肌肤呈现出古铜色，最后添加文字完成操作。

实例路径	实例\第2章\调整肌肤颜色.psd
素材路径	素材\第2章\雪白美女.jpg

步骤01 打开"雪白美女.jpg"素材图像（如图2-73所示），选择"图层"|"新建调整图层"|"色相/饱和度"命令，打开"色相/饱和度"调整面板，设置参数为-13、37和0，如图2-74所示。

步骤02 选择"图层"|"新建调整图层"|"可选颜色"命令，打开"可选颜色"面板，选择"红色"，设置参数分别为10、63、79和-25，如图2-75所示。

图2-73 素材图像

图2-74 设置参数

图2-75 调整颜色

步骤03 这时在"图层"面板中将自动添加调整图层，如图2-76所示。

步骤04 选择"图层"|"新建调整图层"|"曲线"命令，打开"曲线"调整面板，对曲线进行调整，如图2-77所示。

图2-76 "图层"面板　图2-77 调整曲线

步骤05 调整好曲线后，即可得到人物的古铜色肌肤效果，如图2-78所示。

图2-78 古铜色肌肤效果

步骤06 选择横排文字工具，在图像左下方输入文字，并为文字添加外发光图层样式，完成本案例的制作，最终效果如图2-79所示。

图2-79 最终效果

实例028 紫色郁金香

本例将改变图像中鲜花的颜色，通过本实例的学习，读者可以掌握"替换颜色"命令的使用方法，其操作流程如图2-80所示。

 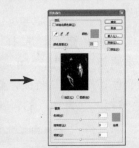 

打开素材图像　　　　选择颜色　　　　最终效果

图2-80 操作流程图

技法解析

本实例所制作的紫色郁金香图像，首先使用"替换颜色"命令，选择需要替换的颜色，然后设置参数，改变图像中的颜色。

	实例路径	实例\第2章\紫色郁金香.psd
	素材路径	素材\第2章\郁金香.jpg

步骤01 打开"郁金香.jpg"素材图像（如图2-81
所示），选择"图像"|"调整"|"替换颜
色"命令，打开"替换颜色"对话框，使用吸
管工具单击粉红色花朵图像，如图2-82所示。

图2-81 素材图像　　　图2-82 吸取颜色

步骤02 单击"添加到取样"按钮 ，单击
其他粉红色花朵图像，并设置"颜色容
差"值为60%，如图2-83所示。

步骤03 在"替换"选项栏中设置参数
为-72、28、-10，如图2-84所示。

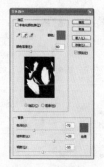

图2-83 加选图像　　　图2-84 替换颜色

步骤04 单击"确定"按钮，得到紫色花朵
（如图2-85所示），完成本案例的制作。

图2-85 替换颜色后的效果

技巧提示

　　使用"替换颜色"命令，用户可以将图像中全部颜色或部分颜色替换为指定的颜
色，从而达到改变图像色彩的目的。

实例029 调整图像整体色调

　　本例将图像中的夏季改变为春季，通过本实例的学习，读者可以掌握"可选颜
色"命令的使用方法，其操作流程如图2-86所示。

打开素材图像　　　　　　调整颜色　　　　　　　　　最终效果

图2-86 操作流程图

技法解析

本实例所制作的调整图像整体色调，主要使用"可选颜色"命令，首先选择需要改变的颜色，然后设置参数，改变图像中的颜色。

实例路径	实例\第2章\调整图像整体色调.psd
素材路径	素材\第2章\小路.jpg

步骤 01 打开"小路.jpg"素材图像（如图2-87所示），这是一幅夏季花朵盛开的图像，现在我们将图像中的季节改变为春季，显示出到处都是绿意盎然的景色。

图2-87 素材图像

步骤 02 选择"图像"|"调整"|"可选颜色"命令，打开"可选颜色"对话框，选中"绝对"单选按钮，单击"颜色"右侧的下拉按钮，在弹出的下拉列表中选择"红色"，然后为图像增加青色和黄色，减少洋红色，参数设置如图2-88所示。

图2-87 设置红色参数

步骤 03 选择"洋红"，然后为图像增加青色和黄色，减少洋红色，如图2-89所示。

图2-89 设置洋红参数

步骤 04 单击"确定"按钮，得到图像的最终效果，如图2-90所示。

图2-90 最终效果

📷 技巧提示

使用"可选颜色"命令可以解决图像中的色彩不平衡问题，可以专门针对某种颜色进行修改。

在"可选颜色"对话框中，用户选中"相对"单选按钮，表示按CMYK总量的百分比来调整颜色；选中"绝对"单选按钮，表示按CMYK总量的绝对值来调整颜色。

实例030 制作暖色调图像

本例将为图像制作暖色调效果，通过本实例的学习，读者可以掌握"照片滤镜"命令的使用方法，其操作流程如图2-91所示。

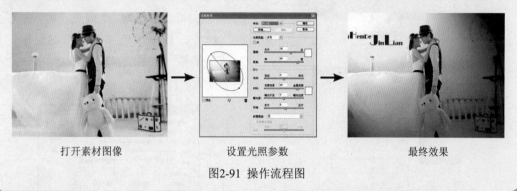

打开素材图像　　　　　　设置光照参数　　　　　　最终效果

图2-91 操作流程图

 技法解析

本例所制作的暖色调图像效果，首先通过"照片滤镜"命令为图像添加暖色，然后再为图像添加光照效果，最后输入文字即可。

实例路径	实例\第2章\暖色调图像.psd
素材路径	素材\第2章\婚纱.jpg

步骤01 打开"婚纱.jpg"素材图像（如图2-92所示），下面将对该图像做暖色调处理。

图2-92 素材图像

步骤02 选择"图像"|"调整"|"照片滤镜"命令，打开"照片滤镜"对话框，在"滤镜"下拉列表框中选择"加温滤镜（81）"选项，设置"浓度"为74%，如图2-93所示。

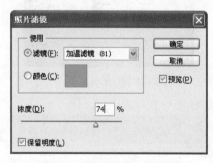

图2-93 "照片滤镜"对话框

步骤03 单击"确定"按钮，得到图像的暖色调效果，如图2-94所示。

步骤04 选择"滤镜"|"渲染"|"光照效果"命令，打开"光照效果"对话框，设置光照方向和其他参数，如图2-95所示。

步骤05 单击"确定"按钮，得到图像光照效果，如图2-96所示。

图2-94 暖色调效果

使用"照片滤镜"命令类似于把带颜色的滤镜放在照相机镜头前方来调整图像颜色。

步骤06 选择"图像"|"调整"|"色彩平衡"命令,打开"色彩平衡"对话框,适当调整参数(如图2-97所示),单击"确定"按钮。

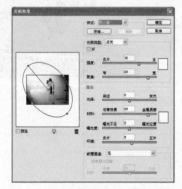

图2-95 设置光照参数

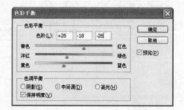

图2-97 调整参数

步骤07 选择横排文字工具,在图像左上方输入文字,效果如图2-98所示。

图2-96 光照效果

图2-98 最终效果

实例031 胶卷效果

本例将制作胶卷效果,通过本实例的学习,读者可以掌握"反相"命令和"波浪"滤镜的使用方法,其操作流程如图2-99所示。

绘制矩形　　　　　　　图像反相效果　　　　　　　最终效果

图2-99 操作流程图

技法解析

本例所制作的是胶卷效果，首先制作出胶卷的基本造型，然后对图像进行反相操作，最后为胶卷添加扭曲和投影效果。

	实例路径	实例\第2章\胶片效果.psd
	素材路径	素材\第2章\梦幻背景.jpg、照片1.jpg—照片4.jpg

步骤01 打开"梦幻背景.jpg"素材图像，新建图层1，使用矩形选框工具绘制一个矩形选区，并填充为黑色，如图2-100所示。

图2-100 绘制矩形

技巧提示

在工作界面中的空白处双击鼠标左键，可快速打开"打开"对话框。

步骤02 打开四张素材照片，使用移动工具，将素材导入到胶卷文件中，【Ctrl+T】组合键，分别设置素材图像的大小和位置，效果如图2-101所示。

图2-101 添加素材图像

步骤03 分别选择照片图像所在图层，按下【Ctrl+I】组合键，将图像反相处理，得到底片效果，如图2-102所示。

图2-102 反相效果

步骤04 按住【Ctrl】键不放，选择除背景图层以外的所有图层，按下【Ctrl+E】组合键，合并所选图层，如图2-103所示。

图2-103 合并图层

步骤05 选择矩形选框工具，在黑色边框上下两边绘制矩形选区，并按下【Delete】键删除图像，如图2-104所示。

图2-104 删除图像

步骤06 选择"滤镜"|"扭曲"|"波浪"命令，打开"波浪"对话框，设置相应参数，如图2-105所示。

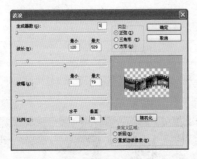

图2-105 设置参数

步骤07 单击"确定"按钮，得到图像的扭曲效果，如图2-106所示。

图2-106 图像效果

步骤08 选择"图层"|"图层样式"|"投影"命令，打开"图层样式"对话框，设置投影颜色为黑色，其参数如图2-107所示。

图2-107 设置投影参数

步骤09 设置好各项参数后，单击"确定"按钮回到图像窗口中，再按下【Ctrl+T】组合键适当调整图像大小，完成本案例的制作，最终效果如图2-108所示。

图2-108 完成效果

技巧提示

如果是对已存在的文件进行编辑，当需要再次存储时，可按下【Ctrl+S】组合键或选择"文件"|"存储"命令。

实例032 均化效果

本例将制作图像的均化效果，通过本实例的学习，读者可以掌握"色调均化"命令的使用方法，其操作流程如图2-109所示。

素材图像　　　　　均化效果　　　　　最终效果

图2-109 操作流程图

技法解析

本实例所制作的均化效果，首先通过"色调均化"命令增添图像亮度，然后再为图像添加颗粒滤镜，最后输入文字即可。

	实例路径	实例\第2章\均化效果.psd
	素材路径	素材\第2章\桃花.jpg

步骤01 打开"桃花.jpg"素材图像，如图2-110所示。

图2-110 打开素材图像

步骤02 选择"图像"|"调整"|"色调均化"命令，此时图像颜色将变鲜艳，如图2-111所示。

图2-111 色调均化效果

技巧提示

"色调均化"命令能重新分布图像中的亮度值，以便更均匀地呈现所有范围的亮度级。

步骤03 选择"滤镜"|"纹理"|"颗粒"命令，打开"颗粒"对话框，并设置颗粒类型为"斑点"，其余参数设置如图2-112所示。

图2-112 设置参数

步骤04 单击"确定"按钮，得到颗粒效果，如图2-113所示。

图2-113 颗粒效果

步骤05 选择工具箱中的横排文字工具，在其工具属性栏中选择字体，并设置颜色为红色（R255,G0,B0），然后在窗口中输入文字，如图2-114所示。

图2-114 输入文字

步骤06 选择"图层"|"图层样式"|"外发光"命令，在打开的对话框中设置外发光颜色为黑色，其他参数设置如图2-115所示。

步骤07 单击"确定"按钮，在"图层"面板中设置图层不透明度为0，最终效果如图2-116所示。

图2-115 设置参数

图2-116 最终效果

技巧提示

　　"颗粒"滤镜可以通过模拟不同种类的颗粒纹理并添加到图像中，在其对话框的"颗粒类型"下拉列表框中可选择不同的颗粒选项。

实例033 自动恢复颜色

　　本例将自动恢复图像颜色，通过本实例的学习，读者可以掌握"自动颜色"和"自动对比度"命令的使用方法，其操作流程如图2-117所示。

素材图像　　　　　　　　　　调整颜色　　　　　　　　　　最终效果

图2-117 操作流程图

技法解析

　　本实例恢复图像颜色，首先通过"自动调整颜色"命令调整图像的颜色和对比度，然后输入文字即可。

实例路径	实例\第2章\自动恢复颜色.psd
素材路径	素材\第2章\蝴蝶.jpg

步骤01 打开"蝴蝶.jpg"素材图像（如图2-118所示），下面将为图像调整颜色。

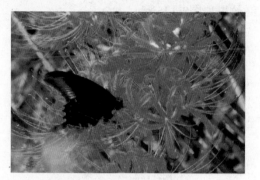

图2-118 打开素材图像

步骤02 选择自定形状工具，在其工具属性栏中打开"自定形状"拾色器面板，选择"邮票1"图形，如图2-119所示。

图2-119 选择形状

步骤03 在图像中绘制出路径，按下【Ctrl+Enter】组合键将路径转换为选区，如图2-120所示。

图2-120 建立选区

步骤04 按下【Ctrl+J】组合键，复制选区中的图像到新的图层中，如图2-121所示。

图2-121 复制图层

步骤05 选择"图像"|"自动颜色"命令，图像将自动调整颜色。

步骤06 选择"图像"|"自动对比度"命令，图像将自动调整亮度和对比度，如图2-122所示。

图2-122 图像效果

步骤07 选择"图层"|"图层样式"|"内发光"命令，打开"图层样式"对话框，设置内发光颜色为淡黄色（R255,G255,B190），再设置其他参数如图2-123所示。

图2-123 设置"内发光"参数

步骤08 单击"确定"按钮，得到的图像效果如图2-124所示。

步骤09 使用横排文字工具，在图像右下方输入文字，在属性栏中设置字体为隶书，最终效果如图2-125所示。

图2-124 "内发光"效果

图2-125 最终效果

实例034 平衡图像颜色

本例将平衡图像中的颜色，通过本实例的学习，读者可以掌握"色彩平衡"对话框中各选项参数的具体使用方法，其操作流程如图2-126所示。

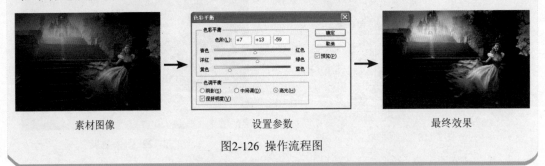

素材图像　　　　　　　　　设置参数　　　　　　　　　最终效果

图2-126 操作流程图

技法解析

本实例平衡图像颜色，首先打开"色彩平衡"对话框，然后分别选择"阴影"、"中间调"和"高光"单选按钮，通过设置各项参数来调整图像色调。

实例路径	实例\第2章\平衡图像颜色.psd
素材路径	素材\第2章\奔跑.jpg

步骤01 打开"奔跑.jpg"素材图像（如图2-127所示），下面将为图像平衡颜色。

图2-127 打开素材图像

步骤 02 选择"图像"|"调整"|"色彩平衡"命令，打开"色彩平衡"对话框，选中"中间调"单选按钮，然后调整各项参数，如图2-128所示。

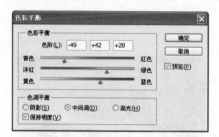

图2-128 设置"中间调"参数

步骤 03 选中"阴影"单选按钮，设置各项参数，如图2-129所示。

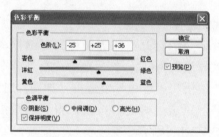

图2-129 设置"阴影"参数

步骤 04 选中"高光"单选按钮，设置各项参数，如图2-130所示。

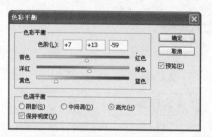

图2-130 设置"高光"参数

步骤 05 单击"确定"按钮，得到调整后的效果，如图2-131所示。

图2-131 最终效果

技巧提示

　　在Photoshop中进行颜色填充时，按下【Alt＋Delete】组合键可以填充前景色，按下【Ctrl＋Delete】组合键可以填充背景色。

实例035 创建怀旧色调

　　本例将在图像中制作出怀旧色调，通过本实例的学习，读者可以掌握"云彩"和"纤维"滤镜的具体使用方法，其操作流程如图2-132所示。

素材图像

去除颜色

最终效果

图2-132 操作流程图

技法解析

本实例为图像创建怀旧色调，首先为图像去除颜色，然后调整图像的亮度和对比度，并制作出黄色调图像，最后新建图层，应用"云彩"和"纤维"滤镜，得到怀旧照片效果。

实例路径	实例\第2章\创建怀旧色调.psd
素材路径	素材\第2章\小桥.jpg

步骤01 打开"小桥.jpg"图像（如图2-133所示），下面将为图像创建怀旧色调。

图2-133 打开素材图像

步骤02 选择"图像"|"调整"|"去色"命令，将图像变为黑白色调，如图2-134所示。

图2-134 去色效果

步骤03 选择"图像"|"调整"|"亮度/对比度"命令，打开"亮度/对比度"对话框，设置参数为35、100（如图2-135所示），单击"确定"按钮，得到的图像效果如图2-136所示。

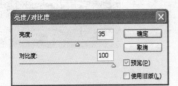

图2-135 调整亮度/对比度

图2-136 图像效果

步骤04 选择"滤镜"|"杂色"|"添加杂色"命令，打开"添加杂色"对话框，设置"数量"为6%，然后选中"高斯分布"单选按钮和"单色"复选框（如图2-137所示），单击"确定"按钮，得到的图像效果如图2-138所示。

图2-137 添加杂色

图2-138 添加杂色效果

步骤 05 选择"图像"|"调整"|"变化"命令，打开"变化"对话框，单击两次"加深黄色"，如图2-139所示。

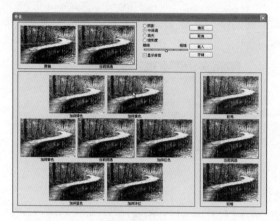

图2-139 添加黄色

步骤 06 单击"确定"按钮，得到添加黄色后的图像效果，如图2-140所示。

步骤 07 新建图层1，按下【D】键，恢复前景色为黑色、背景色为白色，选择"滤镜"|"渲染"|"云彩"命令，添加云彩滤镜，如图2-141所示。

图2-140 图像效果

图2-141 云彩滤镜效果

步骤 08 选择"滤镜"|"渲染"|"纤维"命令，打开"纤维"对话框，设置参数为7和64，如图2-142所示。

图2-142 设置纤维参数

步骤 09 单击"确定"按钮，得到图像纤维效果，如图2-143所示。

步骤 10 设置图层1的图层混合模式为"颜色加深"，最终效果如图2-144所示。

图2-143 纤维效果

图2-144 最终效果

实例036 制作两色图

本例将在图像中制作两色效果，通过本实例的学习，读者可以掌握"阈值"命令的具体使用方法，其操作流程如图2-145所示。

素材图像　　　　　　　　　　　　　　最终效果

图2-145 操作流程图

 技法解析

本实例将制作两色图效果，首先使用"阈值"命令得到黑白图像，然后载入白色选区，填充颜色，最后添加光点和文字完成制作。

	实例路径	实例\第2章\制作两色图.psd
	素材路径	素材\第2章\女孩.jpg

步骤01 打开"女孩.jpg"素材图像（如图2-146所示），下面将为其制作两色图效果。

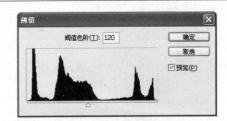

图2-147 调整阈值参数

步骤03 单击"确定"按钮，得到的图像效果如图2-148所示。

图2-146 打开素材图像

步骤02 选择"图像"｜"调整"｜"阈值"命令，打开"阈值"对话框，设置"阈值色阶"为120，如图2-147所示。

图2-148 黑白图像

步骤04 新建图层1，在"通道"面板中按住【Ctrl】键，单击任意通道的通道缩览图，载入白色选区，如图2-149所示。

图2-149 载入选区

步骤05 设置前景色为紫色（R251,G134,B255)，按下【Alt+Delete】组合键，将选区填充为紫色，如图2-150所示。

图2-150 填充选区

步骤06 新建图层2，选择画笔工具，在其工具属性栏中选择柔角画笔，并设置其不透明度为66%，在窗口中绘制红色圆点，效果如图2-151所示。

图2-151 绘制圆点

步骤07 设置图层2的"混合模式"为"溶解"，图像效果如图2-152所示。

图2-152 图像效果

步骤08 选择横排文字工具，在其工具属性栏中设置字体为Broadway BT、颜色为白色，在窗口中输入文字（如图2-153所示），完成本实例的制作。

图2-153 最终效果

技巧提示

　　按下【T】键可快速选择文字工具，按下【Shift+T】组合键可在文字工具组内的4个文字工具之间反复切换。

实例037　制作灰度图像

　　本例将制作灰度图像，通过本实例的学习，读者可以掌握通道混合器的具体使用方法，其操作流程如图2-154所示。

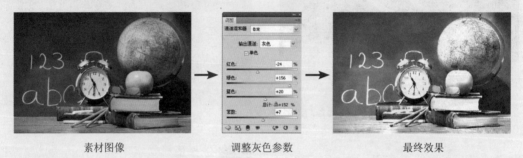

素材图像　　　　　　　　调整灰色参数　　　　　　　　最终效果

图2-154　操作流程图

 技法解析

　　本实例制作的灰度图像效果，主要通过"通道混合器"面板调整各颜色中的参数，从而得到图像最终效果。

实例路径	实例\第2章\制作灰度图像.psd
素材路径	素材\第2章\静物.jpg

步骤01 打开"静物.jpg"素材图像（如图2-155所示），下面将图像制作灰度效果。

图2-155　打开素材图像

步骤02 单击"图层"面板底部的"创建新的填充或调整图层"按钮，在弹出的下拉菜单中选择"通道混合器"命令，如图2-156所示。

步骤03 打开"通道混合器"调整面板，在"通道混合器"下拉列表框中选择"红外线的黑白（RGB）"选项，如图2-157所示。

图2-156　选择选项

步骤04 这时图像将自动转换为黑白效果，如图2-158所示。

图2-157 选择通道混合器

图2-159 设置参数

步骤06 调整后的图像效果如图2-160所示，完成本案例的制作。

图2-158 黑白图像

步骤05 在调整面板中设置各项参数，以调节灰度的细节，如图2-159所示。

图2-160 最终效果

技巧提示

用户还可以多次使用"通道混合器"进行几个灰度的混合，直到调节出满意的灰度效果为止。

技巧提示

使用"通道混合器"命令可以将图像不同通道中的颜色进行混合，从而达到改变图像色彩的目的。

实例038 调整曝光不足图像

本例将调整图像中的曝光不足问题，通过本实例的学习，读者可以掌握图像明暗度的调整方法，其操作流程如图2-161所示。

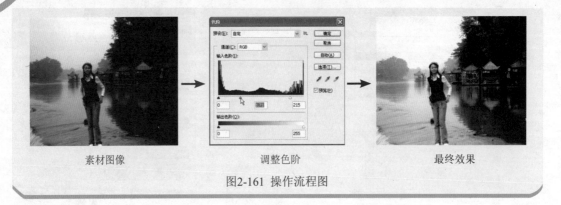

素材图像　　　　　　　　调整色阶　　　　　　　　最终效果

图2-161 操作流程图

 技法解析

　　本例将调整图像的曝光不足问题，主要通过"色阶"和"亮度/对比度"对话框，调整各颜色中的参数，从而得到图像效果。

实例路径	实例\第2章\调整曝光不足图像.psd
素材路径	素材\第2章\玩耍.jpg

步骤01 打开"玩耍.jpg"素材图像（如图2-162所示），下面将为图像调整曝光不足的问题。

图2-162 打开素材图像

步骤02 选择"图像"|"调整"|"色阶"命令，打开"色阶"对话框，将左边的白色三角形滑块向左移动，增加图像亮度，如图2-163、图2-164所示。

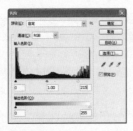

图2-163 调整色阶

图2-164 调整后的图像

步骤03 再将中间的灰色三角形滑块向左移动，增加中间色调的亮度（如图2-165所示），单击"确定"按钮，得到的图像效果如图2-166所示。

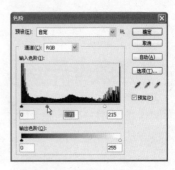

图2-165 设置中间色调

图2-166 图像效果

图2-168 最终效果

步骤04 选择"图像"|"调整"|"亮度/对比度"命令，调整图像的整体明暗度，如图2-167所示。

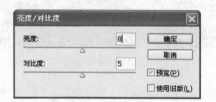

图2-167 调整亮度/对比度

步骤05 单击"确定"按钮，得到的图像效果如图2-168所示。

技巧提示

在Photoshop中还有一个"自动色阶"命令，使用该命令可以自动调整图像中的高光和暗调，它将每个颜色通道中的最亮和最暗像素定义为黑色和白色，然后按比例重新分布中间像素值。默认情况下，该命令会剪切白色和黑色像素的0.5%，来忽略一些极端的像素。

实例039 使图像颜色更加鲜艳

本例将调整图像中的色彩暗淡问题，通过本实例的学习，读者可以掌握图像饱和度的调整方法，其操作流程如图2-169所示。

素材图像　　　　　　　　调整饱和度　　　　　　　　最终效果

图2-169 操作流程图

技法解析

　　本例将调整图像的颜色鲜艳程度，主要在"色彩平衡"对话框中添加图像的红色调，然后再通过"色相/饱和度"命令增强图像颜色的整体饱和度。

	实例路径	实例\第2章\使图像颜色更加鲜艳.psd
	素材路径	素材\第2章\水边美女.jpg

步骤01 选择"文件"|"打开"命令，打开"水边美女.jpg"素材图像，如图2-170所示。

图2-170 素材图像

技巧提示

　　按住【Alt】键，再用鼠标左键反复单击某个工具组，工具箱中就会循环显示隐藏的工具按钮，这样就可以循环选择隐藏的工具了。

步骤02 首先为图像添加一些红色，选择"图像"|"调整"|"色彩平衡"命令，将第一个滑块向红色移动（如图2-171所示），得到的图像效果如图2-172所示。

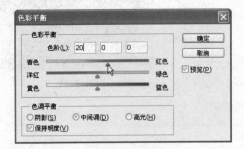

图2-171 添加红色

图2-172 图像效果

步骤03 选择"图像"|"调整"|"色相/饱和度"命令，在弹出的对话框中设置相应参数（如图2-173所示），此时的图像效果如图2-174所示。

图2-173 调整色相/饱和度

步骤04 为了使背景与人物能更好地融合在一起。新建图层1，将该图层填充为粉红色（R255,G213,B185），然后将图层混合模式设置为"柔光"、填充为50%，得到的图像效果如图2-175所示。

图2-174 图像效果

图2-176 绘制选区

步骤06 按下【Delete】键删除图像，取消选区后的效果如图2-177所示。

图2-175 图像效果

步骤05 选择多边形套索工具，在属性栏中设置羽化值为20，然后将人物部分框选出来，如图2-176所示。

图2-177 最终效果

演绎不一般的精彩，

图说经典设计理念

PART
第3章

图像修饰美化技术

使用Photoshop中的编辑和修饰工具可以对图像进行复制和颜色修饰等处理，其中编辑工具主要包括擦除工具和裁剪工具，修饰工具主要包括图章工具组、修复工具组、模糊工具组和减淡工具组。通过对图像进行修饰，可以让整个图像更具感染力，从而创作出更多精美的图像。

本章将通过16个案例，详细讲解Photoshop图像修饰美化技术。

效果展示 XIAOGUO ZHANSHI

实例040　去除图像中的多余物

　　本例将去除图像中的多余景物，通过本实例的学习，读者可以掌握仿制图章工具和修补工具的具体操作，其操作流程如图3-1所示。

打开素材图像　　　　使用仿制图章工具　　　　最终效果

图3-1　操作流程图

　技法解析

　　本实例去除图像中多余景物，首先运用修复工具组中的工具对图像取样，然后再进行复制修复。

	实例路径	实例\第3章\去除图像中的多余物.psd
	素材路径	素材\第3章\沙滩.jpg

步骤01 选择"文件"|"打开"命令，打开"沙滩.jpg"素材图像，如图3-2所示。

步骤03 在属性栏中设置画笔大小为70，如图3-4所示。

图3-2　打开素材图像

步骤02 选择仿制图章工具，按住【Alt】键在小船图像左侧单击取样，如图3-3所示。

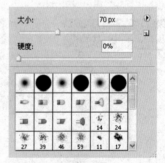

图3-4　设置画笔大小

图3-3　取样

　技巧提示

　　在选择仿制位置时，注意选择的位置一定要与涂抹位置的色彩相似，否则将会无法融合。

步骤04 取样并设置好画笔大小后，在小船图像中按住鼠标左键并拖动，对图像进行涂抹，效果如图3-5所示。

图3-5 仿制图像

步骤05 选择修补工具，在另一艘小船图像周围绘制选区，如图3-6所示。

图3-6 绘制选区

步骤06 松开鼠标获取选区，将鼠标移动到选区中，按住鼠标左键向右拖动到相似的图像区域，如图3-7所示。

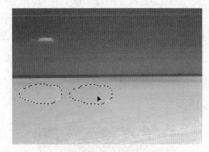

图3-7 修补图像

步骤07 按下【Ctrl】键取消选区，双击放大工具，显示所有图像（如图3-8所示），完成本实例的制作。

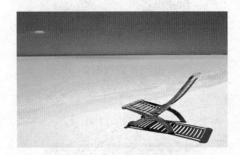

图3-8 最终效果

实例041 添加云朵

本例将为图像添加云朵效果，通过本实例的学习，读者可以掌握仿制图章工具操作，其操作流程如图3-9所示。

打开素材图像

添加云朵

最终效果

图3-9 操作流程图

技法解析

本实例所制作的云朵效果，首先打开素材图像，选择仿制图章工具，在图像中复制云朵图像，然后在天空中添加一些云朵图像，得到蓝天白云的图像效果。

	实例路径	实例\第3章\添加云朵.psd
	素材路径	素材\第3章\蓝天白云.jpg、云朵.jpg

步骤01 打开素材文件"蓝天白云.jpg"，如图3-10所示。

图3-10 素材图像

步骤02 按下【Ctrl+J】组合键复制背景图层，得到图层1，如图3-11所示。

图3-11 复制图层

步骤03 选择仿制图章工具 ，在工具属性栏中设置画笔为"柔角"，大小为135，不透明度为100%，如图3-12所示。

图3-12 设置属性栏

步骤04 按住【Alt】键单击鼠标，吸取窗口右下角的小云朵区域，然后松开【Alt】键，涂抹需要添加云朵的区域，如图3-13所示。

步骤05 打开"云朵.jpg"素材图像，在窗口中同时完全打开两张素材，选择仿制图章工具，在工具属性栏中设置画笔为柔角，大小为135，不透明度为100%，如图3-14所示。

图3-13 复制小云朵图像

图3-14 设置属性栏参数

步骤06 按住【Alt】键单击鼠标，吸取"云朵"窗口中的云朵区域，然后松开【Alt】键，涂抹"蓝天白云"图片窗口中需要添加云朵的区域，如图3-15所示。

图3-15 涂抹图像

步骤07 选择工具箱中的加深工具 🖐 ，在属性栏中设置画笔为柔角，大小为250，曝光度为20%。涂抹图像，效果如图3-16所示。

图3-16 加深图像

步骤08 使用横排文字工具 T 输入文字，在工具属性栏中设置字体为Easy Street Alt EPS，颜色为白色，如图3-17所示。

图3-17 输入文字

步骤09 双击文字图层，打开"图层样式"对话框，选中"外发光"复选框，设置外发光颜色为淡蓝色（R201,G225,B255），如图3-18所示。

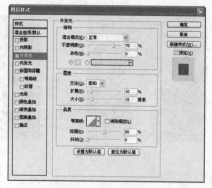

图3-18 设置图层样式

步骤10 单击"确定"按钮，得到文字外发光效果（如图3-19所示），完成本实例的制作。

图3-19 完成效果

仿制图章工具具有很好的修复功能。在使用时应当不断的调节工具属性栏上的不透明度，以适应当前所需要复制的图像。建议一开始设置比较小的不透明度，如20%，体会一下该参数值下的效果，然后再依据该效果决定后面图像的深浅程度。

实例042 燃烧的壁炉

本例将制作一个燃烧的壁炉图像，通过本实例的学习，读者可以掌握在图像内模式的转换，以及"通道"面板的基本操作方法，其操作流程如图3-20所示。

涂抹图像 　　　　　添加火焰颜色 　　　　　　最终效果

图3-20 操作流程图

 技法解析

本实例所制作的燃烧的壁炉效果，首先使用涂抹工具制作出火焰基本图像，然后通过转换模式的方式得到火焰颜色，最后将其放置到壁炉中。

实例路径	实例\第3章\燃烧的壁炉.psd
素材路径	素材\第3章\壁炉.jpg

步骤01 选择"文件"|"新建"命令，打开"新建"对话框，设置文件名称为"燃烧的壁炉"，其余设置如图3-21所示。

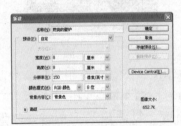

图3-21 新建文件

步骤02 填充背景为黑色，新建图层1，选择画笔工具，设置前景色为白色，选择柔角画笔，设置大小为40，在窗口中绘制图案，如图3-22所示。

图3-22 绘制图像

步骤03 选择涂抹工具，设置工具属性栏上的画笔为"柔角"，大小为40，强度为60%，拖移鼠标，在白色区域往上随意涂抹，效果如图3-23所示。

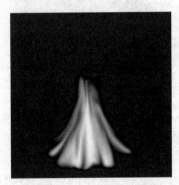

图3-23 涂抹图像

步骤04 选择"选择"|"色彩范围"命令，打开"色彩范围"对话框，用吸管工具吸取背景色，然后再设置颜色容差为40，如图3-24所示。

步骤05 单击"确定"按钮后，获取图像选区，按下【Ctrl+Shift+I】组合键反向选择选区，如图3-25所示。

图3-24 设置色彩范围值

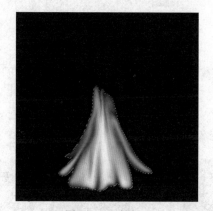

图3-25 反选选区

步骤06 打开"通道"面板，单击"将选区存储为通道"按钮，面板中将自动新建Alpha1通道，如图3-26所示。

图3-26 新建通道

步骤07 选择"编辑"|"填充"命令，打开"填充"对话框，设置"使用"为黑色，不透明度为30%（如图3-27所示），完成后单击"确定"按钮。

步骤08 选择"图像"|"模式"|"索引颜色"命令，将文件窗口的灰度模式转换为索引颜色模式。再选择"图像"|"模式"|"颜色表"命令，打开"颜色表"对话框，设置颜色表为黑体，如图3-28所示。

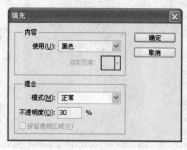

图3-27 设置填充

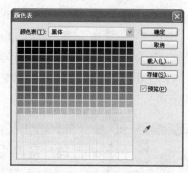

图3-28 "颜色表"对话框

步骤09 单击"确定"按钮，得到图像效果如图3-29所示。

图3-29 图像效果

步骤10 打开素材文件"壁炉.jpg"，选择移动工具将制作的火焰效果拖入"壁炉"文件窗口，再按下【Ctrl+T】组合键调整其火焰的大小位置，选择橡皮擦工具，设置不透明度为60%，拖移鼠标将遮住壁炉小立柱的火焰擦除，效果如图3-30所示。

图3-30 图像效果

步骤 11 双击图层1，打开"图层样式"对话框，选中"外发光"复选框，设置参数"大小"为130，外发光颜色为红色（R255,G0,B0），单击"确定"按钮，如图3-31所示。

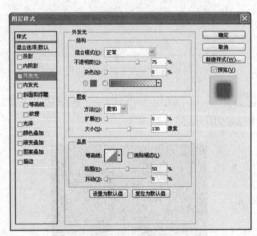

图3-31 设置图层样式参数

步骤 12 使用鼠标右键在"图层"面板中单击图层1"外发光"图层效果，在弹出的菜单中选择"创建图层"选项，创建"图层1"的外发光图层，如图3-32所示。

图3-32 创建图层

步骤 13 选择橡皮擦工具，设置不透明度为60%，将地面上多余的外发光颜色部分擦除，（如图3-33所示），完成本实例的制作。

图3-33 最终效果

实例043 制作倒影图像

　　本例将制作一个倒影图像，通过本实例的学习，读者可以掌握扩展画布、羽化选区等操作，其操作流程如图3-34所示。

| 打开素材图像 | 扩展画布 | 制作倒影 | 最终效果 |

图3-34 操作流程图

 技法解析

　　本实例所制作的图像倒影效果，首先扩展画布，将复制的图像垂直翻转，然后对其应用"模糊"等操作，得到投影效果。

实例路径	实例\第3章\制作倒影图像.psd
素材路径	素材\第3章\山.jpg

步骤01 打开"山.jpg"素材图像，如图3-35所示。

图3-35 打开素材图像

步骤02 选择"图像"|"画布大小"命令，打开"画布大小"对话框，宽度不变，设置高度为31，定位为上方居中位置，如图3-36所示。

图3-36 调整画布大小

步骤03 单击"确定"按钮，得到改变尺寸的图像，如图3-37所示。

步骤04 拖动背景图层到"图层"面板下方的"创建新图层"按钮，复制得到"背景副本"图层，然后按下【Ctrl+T】组合键打开自由变换调节框，在调节框内单击鼠标右键，在弹出的快捷菜单中选择"垂直翻转"命令，效果如图3-38所示。

图3-37 扩展画布效果

图3-38 垂直翻转图像

步骤05 选择矩形选框工具 ，在窗口中框选图像确定选区，单击"图层"面板下方的"添加图层蒙版"按钮 ，选择移动工具，调整背景图副本图层的位置，如图3-39所示。

图3-39 复制图层并添加蒙版

步骤06 选择"滤镜"|"模糊"|"高斯模糊"命令，打开"高斯模糊"对话框，设置半径为3，如图3-40所示。

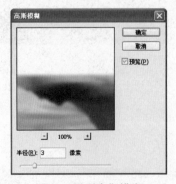

图3-40 设置高斯模糊

步骤07 单击"确定"按钮，得到图像的模糊效果，如图3-41所示。

图3-41 模糊效果

步骤08 选择"图像"|"调整"|"亮度/对比度"命令，打开"亮度/对比度"对话框，设置参数为-90和-40，改变倒影的颜色，如图3-42所示。

步骤09 单击"确定"按钮，得到改变后的图像效果，如图3-43所示。

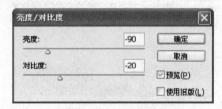

图3-42 设置参数

图3-43 图像效果

步骤 10 选择工具箱中的椭圆选框工具，在窗口中绘制椭圆选区，然后在选区中单击鼠标右键，在弹出的快捷菜单中选择"羽化"命令，如图3-44所示。

图3-44 绘制选区

步骤 11 弹出"羽化选区"对话框，设置羽化半径为10，如图3-45所示。

图3-45 设置羽化半径

步骤 12 单击"确定"按钮，选择"滤镜"|"扭曲"|"水波"命令，打开"水波"对话框，设置参数为23和10，样式为"水池波纹"，如图3-46所示。

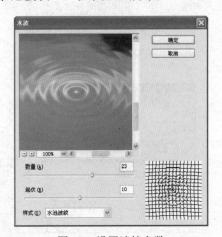

图3-46 设置滤镜参数

步骤 13 单击"确定"按钮，得到水波图像效果，如图3-47所示。

图3-47 水波效果

步骤 14 选择工具箱中的加深工具，设置工具属性栏的范围为阴影，曝光度为20%，如图3-48所示。

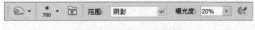

图3-48 设置工具属性

步骤 15 在背景副本图层边缘进行加深处理，至此完成整个操作，最终效果如图3-49所示。

图3-49 完成效果

技巧提示

"水波"滤镜可模仿水面上产生的起伏状水波纹和旋转效果。其中的"数量"数值框用于设置波纹的数量；"起伏"数值框用于设置水波起伏程度。

实例044 混合图像

本例将制作混合图像效果，通过本实例的学习，读者可以掌握"计算"对话框中各项参数的具体使用，其操作流程如图3-50所示。

打开素材图像 → 添加素材图像 → 最终效果

图3-50 操作流程图

技法解析

本实例所制作的混合图像效果，主要是将两幅图像放到一起，通过对"通道"面板和"计算"对话框的设置将图像自然地混合在一起。

实例路径	实例\第3章\混合图像.psd
素材路径	素材\第3章\天空.jpg、星球.jpg

步骤01 打开"天空.jpg"素材图像（如图3-51所示），拖动背景图层到"图层"面板下方的"创建新图层"按钮，复制出背景 副本图层，如图3-52所示。

步骤02 打开"星球.jpg"素材图像，选择移动工具，按住【Shift】键不放，将星球拖入到"天空"文件窗口中，此时"图层"面板中自动生成图层1，如图3-53所示。

图3-52 复制背景图层

图3-51 打开素材图像

图3-53 添加素材图像

步骤03 按下【Ctrl+T】组合键打开自由变换调节框，调整图层1的大小和位置，按下【Enter】键确认调整，如图3-54所示。

图3-54 调整图像大小和位置

步骤04 选择"图像"|"计算"命令，打开"计算"对话框，设置源1栏的图层为图层1，通道为绿，源2栏的图层为背景 副本，通道为红，混合为"滤色"，如图3-55所示。

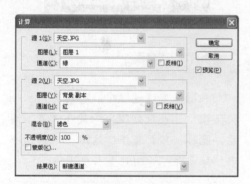

图3-55 设置"计算"参数

步骤05 单击"确定"按钮，系统将自动在"通道"面板中生成Alpha1通道（如图3-56所示），这时得到的图像效果如图3-57所示。

图3-56 "通道"面板

图3-57 图像效果

步骤06 新建图层2，按住【Ctrl】键不放，单击"通道"面板的Alpha1通道前面的缩览图，载入选区，填充为白色，设置图层2的图层不透明度为85%，得到的图像效果如图3-58所示。

图3-58 图像效果

步骤07 选择图层面板单击背景副本图层。选择"图像"|"调整"|"色相/饱和度"命令，打开"色相/饱和度"对话框，设置饱和度参数为30，如图3-59所示。

图3-59 调整饱和度参数

步骤08 按下【Ctrl+Alt+Shift+E】组合键盖印可见图层，系统将自动生成图层3，如图3-60所示。

图3-60 调整后的图像效果

步骤09 选择仿制图章工具，修补图层1计算选区后留下的比较生硬的边缘。复制出图层3副本。设置图层3副本的混合模式为叠加，不透明度为70%，如图3-61所示。

图3-61 设置图层混合模式

步骤10 选择"图像"|"调整"|"亮度/对比度"命令，设置亮度参数为-70，对比度为100，如图3-62所示。

图3-62 设置参数

步骤11 单击"确定"按钮，最终效果如图3-63所示。

图3-63 图像效果

技巧提示

　　在图像处理过程中，有时会产生一些误操作，或对处理后的最终效果不满意，此时，只需选择"编辑"|"后退一步"命令即可返回到上一步操作。

实例045 光芒万丈

　　本例将制作光芒万丈图像，通过本实例的学习，读者可以掌握透视变换图像的具体操作，其操作流程如图3-64所示。

绘制羽化矩形　　　柔光混合　　　叠加混合　　　最终效果

图3-64 操作流程图

技法解析

　　本实例所制作的光芒万丈效果，首先使用"透视"命令调节图像形状，然后对图像应用不同的图层混合模式，得到光芒效果。

实例路径	实例\第3章\光芒万丈.psd
素材路径	素材\第3章\晚霞.jpg

步骤01 选择"文件"|"打开"命令，打开"晚霞.jpg"素材图像，如图3-65所示。

步骤04 新建图层1，设置前景色为黄色（R254,G228,B130），按下【Alt+Delete】组合键填充前景色到选区中，效果如图3-68所示。

图3-65 打开素材图像

步骤02 使用矩形选框工具在图像中绘制一个矩形选区，在选区中单击鼠标右键，然后在弹出的快捷菜单中选择"羽化"选项，如图3-66所示。

图3-68 填充选区

步骤05 按下【Ctrl+T】组合键打开自由变换调节框，单击鼠标右键，在弹出的快捷菜单中选择"透视"命令，如图3-69所示。

图3-66 绘制选区

步骤03 在打开的"羽化选区"对话框中设置参数为10，如图3-67所示。

图3-69 选择"透视"命令

步骤06 向左拖移角点右下角的角点，形成梯形形状，如图3-70所示。

步骤07 选择移动工具，移动羽化效果到霞光最亮处，设置"图层"面板上的图层混合模式为柔光，不透明度为50%，按下【Ctrl+D】组合键取消选区，如图3-71所示。

图3-67 设置羽化值

图3-70 透视变换图像

图3-71 图像效果

步骤08 下面开始制作第二种霞光。新建图层2，设置前景色为黄色（R254,G228,B130），按Alt+Delete组合键填充前景色到选区中，如图3-72所示。

图3-72 绘制矩形

步骤09 按下【Ctrl+T】组合键打开自由变换调节框，单击鼠标右键，在弹出的快捷菜单中选择"透视"命令，拖移右下角的角点向左，如图3-73所示。

图3-73 变换图像

步骤10 选择"滤镜"|"模糊"|"高斯模糊"命令，打开"高斯模糊"对话框，设置半径为6.5，如图3-74所示。

图3-74 设置模糊参数

步骤11 单击"确定"按钮，得到模糊后的图像效果，如图3-75所示。

图3-75 图像效果

步骤12 按下【Ctrl+T】组合键打开自由变换调节框，调整其位置旋转其角度，并缩放其长度。双击鼠标左键确定，如图3-76所示。

图3-76 调整图像

步骤13 选择图层2，设置其图层混合模式为"叠加"，图像效果如图3-77所示。

图3-77 图像效果

步骤14 设置图层2在"图层"面板上的不透明度为50%，效果如图3-78所示。

图3-78 调整透明度效果

步骤15 选择移动工具，拖移窗口中图层2复制出图层2副本，然后按下【Ctrl+T】组合键打开自由变换调节框，旋转其角度，双击鼠标左键确定，如图3-79所示。

图3-79 变换图像

步骤16 选择橡皮擦工具，设置大小为100，并沿边缘擦除霞光副本图像，效果如图3-80所示。

图3-80 擦除图像

步骤17 采用以上介绍的两种方法多次制作不同粗细的霞光效果，如图3-81所示。

图3-81 绘制其他图像

步骤18 按下【Ctrl+Shift+Alt+E】组合键盖印图层，选择"图像"|"调整"|"亮度/对比度"命令，在打开的对话框中设置参数为-5和60，单击"确定"按钮，至此完成整个操作，最终效果如图3-82所示。

图3-82 最终效果

实例046 流淌的时间

本例将制作时钟的液化效果，通过本实例的学习，读者可以掌握"液化"对话框中各种工具、选项的具体操作，其操作流程如图3-83所示。

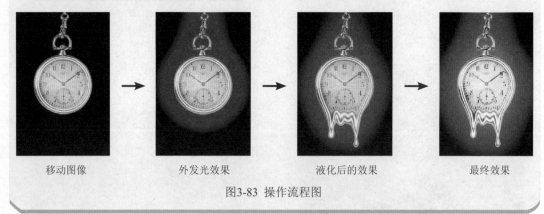

移动图像　　　　　　外发光效果　　　　　液化后的效果　　　　　最终效果

图3-83 操作流程图

技法解析

本实例所制作的流淌的时间效果，主要在"液化"对话框中通过各种工具对图像做液化操作，从而得到图像的液化效果。

	实例路径	实例\第3章\流淌的时间.psd
	素材路径	素材\第3章\钟表.jpg

步骤01 选择"文件"|"新建"命令，在打开的对话框中设置名称为"流淌的时间"，宽度为17厘米，高度为25厘米，分辨率为72像素/英寸，颜色模式为RGB颜色，如图3-84所示。

图3-84 新建文件

步骤02 设置前景色为黑色，按下【Alt+Delete】组合键填充前景色到背景图层，填充效果如图3-85所示。

图3-85 填充背景

步骤03 打开素材文件"钟表.jpg"，选择移动工具，拖动钟表到"流淌的时间"文件窗口中（如图3-86所示），此时"图层"面板中将自动生成图层1，如图3-87所示。

图3-86 添加图像　图3-87 自动生成图层

步骤04 双击图层1，打开"图层样式"对话框。选中"外发光"复选框，设置扩展为4%，大小为160，颜色为蓝色（R2,G71,B248），如图3-88所示。

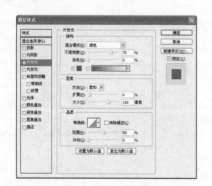

图3-88 设置外发光参数

步骤05 单击"确定"按钮，得到图像的外发光效果，如图3-89所示。

图3-89 外发光效果

步骤06 选择"滤镜"|"液化"命令，打开"液化"对话框，选择液化工具箱中的向前变形工具，设置工具选项为50、50和63，重建选项为平滑，沿着钟表边缘从上向下慢慢拖移鼠标，此时钟表外形有流淌的效果如图3-90所示。

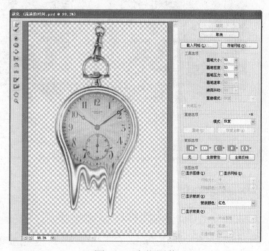

图3-90 液化图像

步骤07 选择液化工具箱中的膨胀工具，设置工具选项为50、50、63和80，单击钟表的下面位置，使其钟表有水滴效果，单击"确定"按钮，如图3-91所示。

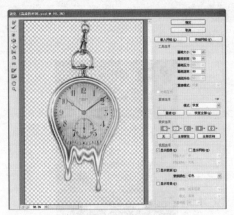

图3-91 水滴效果

步骤 08 复制出图层1得到图层1副本，设置图层1副本的图层混合模式为"叠加"，完成本实例的制作，最终效果如图3-92所示。

图3-92 最终效果

实例047 使用USM滤镜锐化照片

本例将制作图像的锐化效果，通过本实例的学习，读者可以掌握"USM滤镜"对话框中各选项的具体设置方法，其操作流程如图3-93所示。

素材图像

第一次锐化效果

最终效果

图3-93 操作流程图

 技法解析

本实例所制作的锐化图像效果，首先通过"USM锐化"滤镜为图像做清晰效果，然后再调整图像的亮度和对比度，得到锐化后的图像效果。

	实例路径	实例\第3章\使用USM滤镜锐化照片.psd
	素材路径	素材\第3章\鲜花.jpg

步骤 01 选择"文件"|"打开"命令，"鲜花.jpg"素材图像，可以看到这张图片有些模糊，如图3-94所示。

图3-94 素材图像

步骤02 选择"滤镜"|"锐化"|"USM锐化"命令，打开"USM锐化"对话框，设置参数如图3-95所示，单击"确定"按钮，得到的图像效果如图3-96所示。

图3-95 设置锐化参数

图3-96 图像锐化效果

步骤03 选择"图像"|"调整"|"亮度/对比度"命令，打开"亮度/对比度"对话框，设置参数，如图3-97所示。

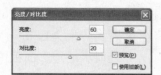

图3-97 设置参数

步骤04 单击"确定"按钮，调整后的图像效果如图3-98所示。

图3-98 图像效果

步骤05 再次选择"滤镜"|"锐化"|"USM锐化"命令，打开"USM锐化"对话框，设置参数，如图3-99所示。

图3-99 设置锐化参数

技巧提示

使用"USM锐化"滤镜将在图像中相邻像素之间增大对比度，使图像边缘清晰。

步骤06 单击"确定"按钮，完成本实例的操作，最终效果如图3-100所示。

图3-100 最终效果

实例048 使照片变清晰

本例将制作图像的锐化效果，通过本实例的学习，读者可以掌握色彩模式转换，以及"锐化"滤镜的具体运用，其操作流程如图3-101所示。

素材图像　　　　　　　　　转换通道模式　　　　　　　　　最终效果

图3-101 操作流程图

 技法解析

本实例所制作的锐化图像效果，主要让读者了解并掌握选择"Lab"通道中的"明度"通道，然后利用"锐化"命令使模糊的图像变清晰。

	实例路径	实例\第3章\使照片变清晰.psd
	素材路径	素材\第3章\油菜花.jpg

步骤01 选择"文件"|"打开"命令，打开"油菜花.jpg"素材图像，如图3-102所示。

步骤02 切换到"通道"面板，可以看到现在的图像为RGB模式，如图3-103所示。

图3-102 绘制选区

图3-103 RGB通道

技巧提示

　　Lab模式是国际照明委员会发布的一种色彩模式，主要由RGB三基色转换而来。

步骤03 选择"图像"|"模式"|"Lab颜色"命令，将图像模式转换为Lab颜色（如图3-104所示），这时"通道"面板中将出现Lab通道，如图3-105所示。

图3-104 转换图像模式

图3-105 Lab通道

图3-106 锐化后的图像

步骤05 单击"通道"面板中的"Lab"通道，回到彩色图像状态，此时图像已经变清晰了，如图3-107所示。

步骤04 选择"明度"通道，选择"滤镜"|"锐化"|"锐化"命令，图像将自动进行锐化操作，效果不明显，可重复两次上一步操作，得到的图像效果如图3-106所示。

图3-107 最终效果

技巧提示

RGB模式是由红、绿和蓝3种颜色按不同的比例混合而成，也称真彩色模式，是最为常见的一种色彩模式。

实例049 边缘锐化图像

本例将制作图像的锐化效果，通过本实例的学习，读者可以掌握"锐化边缘"滤镜的具体操作，其操作流程如图3-108所示。

素材图像　　　　　　　复制图层　　　　　　　最终效果

图3-108 操作流程图

技法解析

本实例所制作的锐化图像效果，主要是应用滤镜中的"锐化边缘"命令，将图像边缘进行自动锐化处理。

实例路径	实例\第3章\边缘锐化图像.psd
素材路径	素材\第3章\荷花.jpg

步骤01 选择"文件"|"打开"命令，打开"荷花.jpg"素材图像，如图3-109所示。

步骤03 选择"滤镜"|"锐化"|"锐化边缘"命令，图像自动锐化边缘，可重复上一次操作，锐化后的效果如图3-111所示。

图3-109 素材图像

步骤02 按下【Ctrl+J】组合键复制背景图层，得到图层1，如图3-110所示。

图3-111 锐化效果

步骤04 设置图层1的图层混合模式为"柔光"完成本实例的操作，图像最终效果如图3-112所示。

图3-110 复制图层

图3-112 最终效果

实例050 智能锐化图像

本例将制作图像的锐化效果，通过本实例的学习，读者可以掌握"高反差保留"和"智能锐化"滤镜的具体使用方法，其操作流程如图3-113所示。

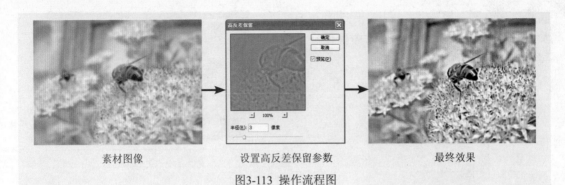

素材图像　　　　　　设置高反差保留参数　　　　　　最终效果

图3-113 操作流程图

 技法解析

　　本实例所制作的锐化图像效果，首先对图像应用"高反差保留"滤镜，并调整图层混合模式，得到图像的初步锐化效果，然后通过"智能锐化"滤镜进一步锐化图像。

实例路径	实例\第3章\智能锐化图像.psd
素材路径	素材\第3章\蜜蜂.jpg

步骤01 选择"文件"|"打开"命令，打开"蜜蜂.jpg"素材图像，如图3-114所示。

图3-114 素材图像

步骤02 按下【Ctrl+J】组合键两次复制背景图层，得到图层1和图层1副本，如图3-115所示。

图3-115 复制图层

步骤03 选择图层1副本，选择"滤镜"|"其他"|"高反差保留"命令，在打开的对话框中设置半径为3，如图3-116所示。

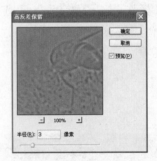

图3-116 设置半径

步骤04 单击"确定"按钮，得到高反差图像效果，如图3-117所示。

图3-117 高反差图像效果

步骤05 设置该图层的图层混合模式为"叠加"（如图3-118所示），这时图像便有了锐化效果，如图3-119所示。

图3-118 设置图层混合模式

图3-120 设置锐化参数

步骤07 单击"确定"按钮，得到图像锐化效果，如图3-121所示。

图3-121 最终效果

图3-119 锐化效果

步骤06 选择图层1，选择"滤镜"|"锐化"|"智能锐化"命令，打开"智能锐化"对话框，在其中设置数量为98、半径为9.8，如图3-120所示。

技巧提示

"智能锐化"滤镜比"USM锐化"滤镜更加智能化，后者可以设置锐化算法或控制在阴影和高光区域中进行的锐化量，以获得更好的边缘检测并减少锐化晕圈。

实例051 简单柔化图像

本例将制作图像的柔化效果，通过本实例的学习，读者可以掌握"高斯模糊"滤镜的具体操作，其操作流程如图3-122所示。

素材图像　　　　　　设置模糊参数　　　　　　最终效果

图3-122 操作流程图

PART 03

技法解析

本实例所制作的柔化图像效果，首先在图像中绘制选区，选择需要操作的图像范围，然后对选区做羽化操作，最后应用"高斯模糊"滤镜，得到图像的柔化效果。

	实例路径	实例\第3章\简单柔化图像.psd
	素材路径	素材\第3章\蛋糕.jpg

步骤01 选择"文件"|"打开"命令，打开"蛋糕.jpg"素材图像，如图3-123所示。

图3-123 素材图像

步骤02 选择椭圆选框工具，在图像中绘制一个椭圆形选区，如图3-124所示。

图3-124 绘制选区

步骤03 选择"选择"|"反向"命令，反选选区，如图3-125所示。

图3-125 反选选区

步骤04 选择"选择"|"修改"|"羽化"命令，打开"羽化选区"对话框，设置羽化半径为50，如图3-126所示。

图3-126 设置羽化半径

步骤05 单击"确定"按钮，得到羽化后的选区。选择"滤镜"|"模糊"|"高斯模糊"命令，打开"高斯模糊"对话框，设置模糊半径为7，如图3-127所示。

图3-127 设置模糊半径

步骤06 单击"确定"按钮，得到图像的模糊效果，按下【Ctrl+D】组合键取消选区，最终效果如图3-128所示。

图3-128 最终效果

Photoshop CS5中的图像是基于位图格式的，而位图图像的基本单位是像素，因此用户在创建位图图像时需为其指定分辨率大小。图像的像素与分辨率均能体现图像的清晰度。

实例052 柔化人物肌肤

本例将制作图像的柔化效果，通过本实例的学习，读者可以掌握"表面模糊"滤镜的具体使用方法，其操作流程如图3-129所示。

素材图像　　　　　　　　改变图层混合模式　　　　　　　最终效果

图3-129 操作流程图

技法解析

本实例所制作的柔化图像效果，首先复制图层，并改变图层混合模式，然后为图像应用"表面模糊"滤镜，得到柔化的图像效果。

实例路径	实例\第3章\柔化人物肌肤.psd
素材路径	素材\第3章\美女.jpg

步骤01 选择"文件"|"打开"命令，打开"美女.jpg"素材图像，下面将为该图像制作柔化效果，如图3-130所示。

图3-130 素材图像

步骤 02 按下【Ctrl+J】组合键复制背景图层，得到图层1，设置图层混合模式为"滤色"如图3-131所示。

图3-131 设置图层混合模式

步骤 03 此时的图像颜色变得更加靓丽，效果如图3-132所示。

步骤 04 复制一次图层1，得到图层1副本，然后改变图层混合模式为"柔光"，如图3-133所示。

图3-132 图像效果

图3-133 复制图层

步骤 05 此时图像变得更柔和，效果如图3-134所示。

图3-134 图像效果

步骤 06 按下【Ctrl+Shift+E】组合键，合并所有图层，如图3-135所示。

图3-135 合并图层

步骤 07 选择"滤镜"|"模糊"|"表面模糊"命令，打开"表面模糊"对话框，设置参数为14、21，如图3-136所示。

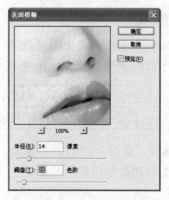

图3-136 设置滤镜参数

步骤08 单击"确定"按钮，图像的最终效果如图3-137所示。

图3-137 最终效果

技巧提示

"表面模糊"滤镜在模糊图像的同时会保留原图像边缘。

实例053 柔化背景图像

本例将制作图像的柔化效果，通过本实例的学习，读者可以掌握在"通道"面板中模糊图像的具体操作，其操作流程如图3-138所示。

素材图像

在通道中模糊图像

最终效果

图3-138 操作流程图

技法解析

本实例所制作的柔化图像效果，首先使用钢笔工具绘制路径，获取图像选区，然后分别选择不同的颜色通道，对其应用"高斯模糊"滤镜，最终得到图像的柔化效果。

	实例路径	实例\第3章\柔化背景图像.psd
	素材路径	素材\第3章\红衣少女.jpg

步骤01 选择"文件"|"打开"命令，打开"红衣少女.jpg"素材图像（如图3-139所示），下面将为该图像制作柔化效果。

图3-139 素材图像

步骤02 选择钢笔工具 ，单击工具属性栏中的"路径"按钮 ，沿着人物脸部和肩部露出的皮肤边缘绘制路径，如图3-140所示。

图3-140 绘制路径

步骤03 按下【Ctrl+Enter】组合键，将路径转换为选区，如图3-141所示。

步骤04 选择"选择"|"修改"|"羽化"命令，打开"羽化选区"对话框，设置羽化半径为10，如图3-142所示。

图3-141 将路径转换为选区

图3-142 羽化选区

步骤05 选择"选择"|"反向"命令，反选选区，如图3-143所示。

图3-143 反选选区

步骤06 选择"通道"面板，在面板中选择"绿"通道，如图3-144所示。

图3-144 选择绿色通道

步骤07 选择"滤镜"|"模糊"|"高斯模糊"命令，打开"高斯模糊"对话框，设置半径为5.5，如图3-145所示。

图3-145 "高斯模糊"对话框

步骤08 单击"确定"按钮，得到模糊后的图像效果，如图3-146所示。

图3-146 图像模糊效果

步骤09 在"通道"面板中选择"蓝"通道，如图3-147所示。

图3-147 选择蓝色通道

步骤10 按下【Ctrl+F】组合键重复上一次滤镜操作，图像效果如图3-148所示。

图3-148 图像效果

步骤11 选择RGB通道，回到"图层"面板，按下【Ctrl+D】组合键取消选区，完成本实例的制作，最终效果如图3-149所示。

图3-149 最终效果

实例054 制作朦胧效果

本例将制作图像的柔化效果，通过本实例的学习，读者可以掌握"动感模糊"滤镜的具体设置技巧，其操作流程如图3-150所示。

素材图像

设置图层混合模式效果

最终效果

图3-150 操作流程图

技法解析

　　本实例所制作的柔化图像效果，首先复制图层，并改变图层混合模式，然后为图像应用"动感模糊"滤镜，得到柔化图像效果。

实例路径	实例\第3章\制作朦胧效果.psd
素材路径	素材\第3章\时尚模特.jpg、花朵背景

步骤01 选择"文件"|"打开"命令，打开"花朵背景.jpg"素材图像，如图3-151所示。

图3-151 素材图像

步骤02 选择"图像"|"图像旋转"|"90度（顺时针）"命令，旋转图像，效果如图3-152所示。

图3-152 旋转图像

步骤03 选择"滤镜"|"艺术效果"|"调色刀"命令，打开"调色刀"对话框，在对话框中设置参数为26、3、1，如图3-153所示。

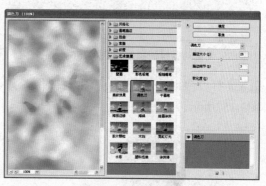

图3-153 设置滤镜参数

步骤04 单击"确定"按钮，得到使用"调色刀"滤镜后的图像，效果如图3-154所示。

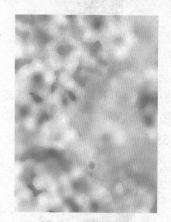

图3-154 图像效果

步骤05 选择"滤镜"|"模糊"|"动感模糊"命令，打开"动感模糊"对话框，在对话框中设置"角度"为42，"距离"为60，如图3-155所示。

步骤06 单击"确定"按钮，得到图像的模糊效果，如图3-156所示。

图3-155 设置动感模糊参数　图3-156 模糊效果

步骤 07 打开"时尚模特.jpg"素材图像，如图3-157所示。

图3-157 打开素材图像

步骤 08 使用移动工具将人物图像拖动到花朵背景图像中，适当调整图像大小和位置，如图3-158所示。

图3-158 调整图像大小和位置

步骤 09 这时"图层"面板中将自动增加图层1，设置图层1的图层混合模式为"正片叠

底"（如图3-159所示），得到的图像效果如图3-160所示。

图3-159 设置图层混合模式

图3-160 图像效果

步骤 10 选择橡皮擦工具 ，在图像中擦除不需要的边缘图像，如图3-161所示。

图3-161 擦除多余图像

步骤 11 按下【Ctrl+J】组合键复制图层1，得到图层1副本，如图3-162所示。

图3-162 复制图层

步骤12 选择"滤镜"|"模糊"|"高斯模糊"命令，打开"高斯模糊"对话框，在其中设置"半径"为7，如图3-163所示。

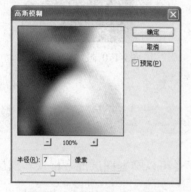

图3-163 设置模糊"半径"

步骤13 单击"确定"按钮，得到图像的模糊效果，如图3-164所示。

图3-164 图像效果

步骤14 设置图层1副本的图层混合模式为"变暗"（如图3-165所示），得到的图像效果如图3-166所示。

图3-165 设置图层混合模式　图3-166 图像效果

步骤15 选择直排文字工具，在画面右上方输入文字，并在工具属性栏中设置字体为方正舒体，如图3-167所示。

图3-167 输入文字

步骤16 按下【Ctrl+J】组合键一次，复制文字图层副本，然后选择"图层"|"栅格化"|"文字"命令，将其转换为普通图层，如图3-168所示。

图3-168 复制图层

步骤17 选择"滤镜"|"模糊"|"动感模糊"命令，打开"动感模糊"对话框，设置"角度"为47、"距离"为55，如图3-169所示。

步骤18 单击"确定"按钮，得到图像的模糊效果，完成本实例的制作，如图3-170所示。

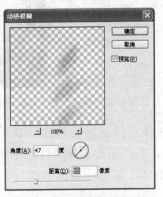

图3-169 设置模糊参数

图3-170 最终效果

实例055 梦幻水晶

本例将制作梦幻水晶，通过本实例的学习，读者可以掌握图层混合模式和图层样式的具体操作技巧，其操作流程如图3-171所示。

添加素材图像　　　　混合图层效果　　　　最终效果

图3-171 操作流程图

技法解析

本实例所制作的柔化图像效果，首先通过"应用图像"命令将两幅素材图像做融合，然后再调整图像的图层混合模式和图层样式，完成实例的制作。

实例路径	实例\第3章\梦幻水晶.psd
素材路径	素材\第3章\水晶球.tif、独角兽.tif

步骤01 选择"文件"|"打开"命令，分别打开"水晶球.tif"和"独角兽.tif"素材图像，如图3-172和图3-173所示。

步骤03 按下【Ctrl+T】组合键打开自由变换调节框，调整图层1的大小和位置，按下【Enter】键确定调整，如图3-175所示。

图3-172 水晶球图像

图3-175 图像效果

步骤04 拖动图层1到"图层"面板下方的"创建新图层"按钮 上，复制出图层1副本，如图3-176所示。

图3-173 独角兽图像

图3-176 复制图层

步骤02 选择快速选择工具 ，点击图像中独角兽部分确定选区。选择移动工具 ，将"独角兽"拖入"梦幻水晶"文件窗口中，自动生成图层1，如图3-174所示。

步骤05 单击"图层"面板图层1副本前面的"指示图层可视性"按钮 ，关闭其可视性然后选择图层1，如图3-177所示。

图3-174 "图层"面板

图3-177 隐藏图层

步骤06 选择"图像"|"调整"|"去色"命令，将其图层1去色，效果如图3-178所示。

图3-178 去色效果

步骤07 选择"图像"|"应用图像"命令，打开"应用图像"对话框，设置图层为"背景"，通道为RGB，混合为"滤色"，不透明度为100%（如图3-179所示），单击"确定"按钮，得到的图像效果如图3-180所示。

图3-179 "应用图像"对话框

图3-180 图像效果

步骤08 选择"图像"|"调整"|"色相/饱和度"命令，在打开的对话框中设置色相、饱和度和明度为-135、0和20，单击"确定"按钮，如图3-181所示。

图3-181 调整颜色参数

步骤09 选择图层1副本，选择"滤镜"|"杂色"|"添加杂色"命令，打开"添加杂色"对话框，设置数量为25%，如图3-182所示。

图3-182 设置滤镜参数

步骤10 单击"确定"按钮，得到的图像效果如图3-183所示。

图3-183 图像效果

步骤11 设置图层1副本的图层混合模式为"滤色",不透明度为70%(如图3-184所示),得到的图像效果如图3-185所示。

图3-184 设置图层混合模式

图3-185 图像效果

步骤12 新建图层2,选择画笔工具,设置前景色为浅紫色(R242,G227,B253),在水晶球上面部分绘制星星图案,设置图层2的图层混合模式为"滤色"(如图3-186所示),得到的图像效果如图3-187所示。

图3-186 设置图层混合模式

图3-187 图像效果

步骤13 新建一个图层,选择工具箱中的画笔工具,绘制图像背景和花边框,效果如图3-188所示。

图3-188 绘制花边

步骤14 选择直排文字工具,在画面中输入文字(如图3-189所示),在"图层"面板中设置其图层混合模式为"溶解",图层不透明度为75%,如图3-190所示。

图3-189 图像效果

图3-190 设置图层属性

步骤15 设置好图层属性后，得到的文字效果如图3-191所示。

图3-191 文字效果

步骤16 选择"图层"|"图层样式"|"渐变叠加"命令，打开"图层样式"对话框，设置渐变颜色从蓝色（R37,G3,B133）到紫色（R246,G153,B254），其他参数设置如图3-192所示。

图3-192 设置"渐变叠加"参数

步骤17 选中"描边"复选框，设置描边颜色为紫色（R159,G112,B230），其他参数设置如图3-193所示。

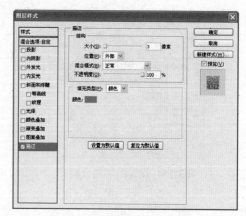

图3-193 设置"描边"参数

步骤18 单击"确定"按钮，得到添加图层样式的文字效果，如图3-194所示。

图3-194 文字效果

步骤19 选择直排文字工具，在画面中输入文字，在工具属性栏中设置字体为华文彩云，如图3-195所示。

图3-195 输入文字

步骤20 选择"图层"|"图层样式"|"投影"命令，打开"图层样式"对话框，设置投影为紫色（R146,G3,B155），其余参数设置如图3-196所示。

步骤21 单击"确定"按钮，完成本实例的制作，得到文字的投影效果如图3-197所示。

图3-197 最终效果

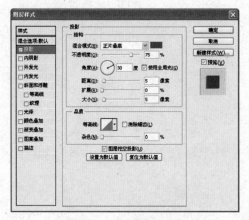

图3-196 设置投影参数

演绎不一般的精彩，

图说经典设计理念

PART
第4章

人物修饰与图像合成技巧

本章重点介绍人物的修饰与图像合成技巧，人物修饰与图像合成技术在影楼后期处理中占有极高的地位，包括脸部修饰、光线变换和图像合成等，其最终目的是使图像整体效果完美而不留瑕疵。

通过对本章的学习，可以帮助读者掌握图像后期处理的相关技巧。

效果展示

XIAOGUO ZHANSHI

实例056 改变嘴唇颜色

　　本例将改变人物的嘴唇颜色，通过本实例的学习，读者可以掌握钢笔工具和"色相/饱和度"命令的具体使用方法，其操作流程如图4-1所示。

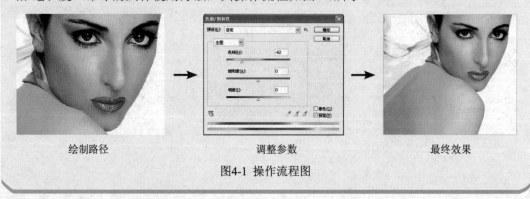

绘制路径　　　　　　　　调整参数　　　　　　　　最终效果

图4-1 操作流程图

 技法解析

　　本实例学习改变嘴唇颜色的方法，首先使用钢笔工具在嘴唇周围绘制路径，然后将路径转换为选区，最后使用"色相/饱和度"和"亮度/对比度"命令调整嘴唇的颜色和亮度。

实例路径	实例\第4章\改变嘴唇颜色.psd
素材路径	素材\第4章\红唇.jpg

步骤01 打开"红唇.jpg"素材图像，按下【Ctrl+J】组合键复制背景图层，如图4-2所示。

图4-2 复制图层

步骤02 选择缩放工具 🔍，将人物嘴唇部位放大，再选择钢笔工具，单击工具属性栏中的"路径"按钮 🔲，沿人物嘴唇边缘绘制路径，如图4-3所示。

图4-3 绘制路径

步骤03 按下【Ctrl+Enter】组合键将路径转换选区，再按下【Shift+F6】组合键打开"羽化选区"对话框，设置"羽化半径"为5像素，如图4-4所示。

步骤04 选择"图像"|"调整"|"色相/饱和度"命令，打开"色相/饱和度"对话框，设置参数为-62、0、0，如图4-5所示。

图4-4 羽化选区

图4-5 调整色相/饱和度

步骤05 单击"确定"按钮，得到的图像效果如图4-6所示。

图4-6 图像效果

步骤06 选择"图像"|"调整"|"亮度/对比度"命令，在打开的对话框中设置参数为20、33，如图4-7所示。

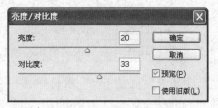

图4-7 调整亮度/对比度

步骤07 单击"确定"按钮，按下【Ctrl+D】组合键取消选区，图像的最终效果如图4-8所示。

图4-8 图像最终效果

实例057 去除眼角鱼尾纹

本例将去除眼角鱼尾纹，通过本实例的学习，读者可以掌握修补工具的具体使用技巧，其操作流程如图4-9所示。

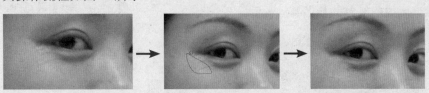

原图像　　　　　　　　选择图像　　　　　　　　最终效果

图4-9 操作流程图

技法解析

本实例学习去除人物眼角鱼尾纹的方法，首先使用修补工具在有鱼尾纹的图像处进行框选，然后移动选区内的图像到附近光滑的皮肤处，得到修复的图像效果。

实例路径	实例\第4章\去除眼角鱼尾纹.psd
素材路径	素材\第4章\鱼尾纹.jpg

步骤01 打开"鱼尾纹.jpg"素材图像，可以看到眼角有些鱼尾纹（如图4-10所示），现在就使用修补工具让鱼尾纹消失。

图4-10 打开素材图像

步骤02 选择修补工具，在工具属性栏中选择"源"选项，如图4-11所示。

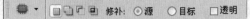

图4-11 设置属性栏

步骤03 使用修补工具圈选如图4-12所示的鱼尾纹部分。

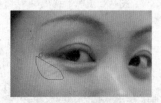

图4-12 选择图像

步骤04 按住选区并移动选区到旁边没有皱纹的皮肤上（如图4-13所示），松开鼠标后，即可消除选区内的皱纹，如图4-14所示。

图4-13 移动选区

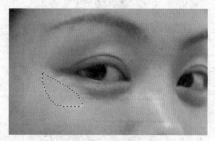

图4-14 图像效果

步骤05 按下【Ctrl+D】组合键取消选区，得到去除鱼尾纹的效果，如图4-15所示。

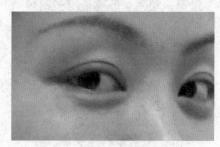

图4-15 最终效果

技巧提示

修补工具可从图像的其他区域或图案中复制像素来修复选区内的图像，同时也保留了图像原有的纹理、亮度等信息。

使用修补工具绘制选区的方法与套索工具的使用方法一致。除此之外，还可以使用其他工具或命令获取选区，然后再运用修补工具做修复处理。

实例058 消除人物双下巴

本例将消除人物双下巴，通过本实例的学习，读者可以掌握修复画笔工具的具体技巧，其操作流程如图4-16所示。

原图像　　　　　　　　　复制图层　　　　　　　最终效果

图4-16 操作流程图

 技法解析

本实例学习消除人物双下巴的操作方法，首先使用修复画笔工具在图像中单击取样，然后对需要修复的图像做涂抹，得到消除双下巴的效果。

实例路径	实例\第4章\消除双下巴.psd	
素材路径	素材\第4章\双下巴.jpg	

步骤01 打开"双下巴.jpg"素材图像，这张照片中的人物双下巴十分明显，如果将双下巴去除，人物将显得更加精神，如图4-17所示。

步骤02 按下【Ctrl+J】组合键复制背景层得到图层1，如图4-18所示。

图4-17 打开图像

图4-18 复制图层

步骤03 选择工具箱中的修复画笔工具 ✐，在工具属性中选择柔角画笔，设置画笔大小

为20像素，再选中"取样"复选框，按住【Alt】键在颈部无褶纹的部分单击，获取取样点，如图4-19所示。

步骤04 放开【Alt】键并在褶纹部分进行涂抹以消除褶纹；对于不同位置的皱纹覆盖，需要重新选择靠近该位置的正常皮肤作为取样点（如图4-20所示），完成本实例的制作。

图4-19 获取取样点　　　图4-20 消除皱纹

PART 04

技巧提示

使用修复画笔工具可以利用图像或图形中的样本像素来绘画。

实例059 美白肌肤

本例将为人物美白肌肤，通过本实例的学习，读者可以掌握通道的基本操作技巧，其操作流程如图4-21所示。

原图像　　　　　　　　　载入"绿"通道选区　　　　　　　　　最终效果

图4-21　操作流程图

 技法解析

本实例学习人物肌肤的美白处理，首先选择适合的通道，载入图像选区，然后填充白色，再使用橡皮擦工具对部分图像做擦除操作。

实例路径	实例\第4章\美白肌肤.psd
素材路径	素材\第4章\酒杯美女.jpg

步骤01 打开"酒杯美女.jpg"素材图像，下面将美白人物肌肤，如图4-22所示。

图4-22　打开图像

步骤02 按下【Ctrl+J】组合键复制背景图层，得到图层1，如图4-23所示。

图4-23　复制图层

步骤03 在"通道"面板中选择"绿"通道，按住【Ctrl】键单击"绿"通道将其载入选区，如图4-24所示。

图4-24 载入选区

步骤04 回到"图层"面板，单击"图层"面板下方的"创建新图层"按钮 ，新建图层1，如图4-25所示。

图4-25 新建图层

步骤05 将选区填充为白色，然后按下【Ctrl+D】组合键取消选区，得到的图像效果如图4-26所示。

图4-26 图像效果

步骤06 设置图层1的不透明度为80%。此时人物的肤色变得白皙，如图4-27所示。

图4-27 设置图层不透明度

步骤07 选择橡皮擦工具，设置属性栏上的不透明度为50%，拖移鼠标，将除了肌肤以外的区域进行擦除，如图4-28所示。

图4-28 擦除肌肤以外的区域

步骤08 再设置不透明度为100%，擦除面部嘴、眼和眉等部分，此时面部变得清晰，如图4-29所示。

图4-29 修饰五官

步骤09 按下【Ctrl+Shift+Alt+E】组合键盖印可见图层，"图层"面板自动生成图层3，如图4-30所示。

图4-30 盖印图层

步骤10 选择"滤镜"|"其后"|"高反差保留"命令，打开"高反差保留"对话框，设置半径为2，如图4-31所示。

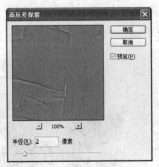

图4-31 设置滤镜参数

步骤11 单击"确定"按钮，回到"图层"面板，设置图层3的图层混合模式为"叠加"，此时图片背景的颜色会有一定的改变，人物的肌肤变得更自然而有光泽（如图4-32所示），完成本实例的制作。

图4-32 最终效果

实例060 美白牙齿

本例将为人物美白牙齿，通过本实例的学习，读者可以掌握"色相饱和度"对话框的设置技巧和减淡工具的使用方法，其操作流程如图4-33所示。

获取图像选区   调整明度   最终效果

图4-33 操作流程图

技法解析

本实例学习人物牙齿美白处理的方法，首先使用套索工具获取牙齿选区，然后通过"色相/饱和度"命令调整牙齿的颜色和明度，得到美白效果。

实例路径	实例\第4章\美白牙齿.psd
素材路径	素材\第4章\面部表情.jpg

步骤01 打开"面部表情.jpg"素材图像，使用缩放工具 🔍 放大人物唇部，图像中的人物牙齿有些微黄，需要美白，如图4-34所示。

图4-34 放大图像

技巧提示

虽然洁白的牙齿非常好看，但也不能将牙齿调到非常白，与原型反差太大，会显得不够真实自然。

步骤02 按下【L】键选择套索工具，在工具属性栏中设置"羽化"值为2，如图4-35所示。

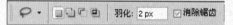

图4-35 设置羽化值

步骤03 在人物牙齿图像处单击并仔细地拖动鼠标，获取牙齿图像选区。注意不要选到嘴唇或牙龈图像，如图4-36所示。

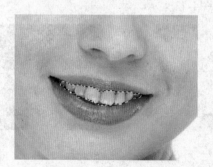

图4-36 图像效果

步骤04 选择"图像"|"调整"|"色相/饱和度"命令，打开"色相/饱和度"对话框，在下拉列表中选择"黄色"命令，如图4-37所示。

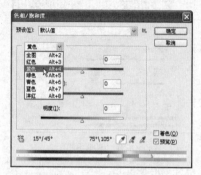

图4-37 选择颜色

步骤05 向左拖动"饱和度"下方的三角形滑块，降低牙齿图像的饱和度，如图4-38所示。

图4-38 降低饱和度

步骤06 这时再观察人物图像中的牙齿图像，黄色已经基本被擦掉了，但却失去了光泽，如图4-39所示。

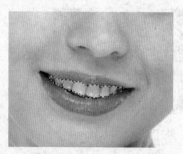

图4-39 调整牙齿色调

步骤07 为了使牙齿恢复光泽，在"色相/饱和度"对话框中选择"黄色"，然后拖动"明度"下方的三角形滑块到30，增加牙齿的亮度，如图4-40所示。

图4-40 调整明度

步骤08 完成明度调整后，单击"确定"按钮回到画面中，按下【Ctrl＋D】键取消选区，如图4-41所示。

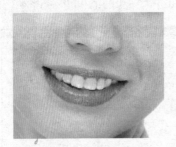

图4-41 图像效果

步骤09 为了使牙齿的美白效果变得更加完美，还需要对一些细节部分进行精细的调整。选择减淡工具 对人物牙齿缝和牙龈连接牙齿的部分做细致的涂抹，完成牙齿的美白效果，如图4-42所示。

图4-42 完成效果

技巧提示

　　减淡工具可以提高图像中色彩的亮度，常用于增加图像的亮度。

实例061 改变眼睛颜色

　　本例将为人物改变眼睛颜色，通过本实例的学习，读者可以掌握"色彩平衡"命令和加深工具的具体运用，该实例的操作流程如图4-43所示。

 →  →

绘制图像选区　　　　　　　　拖动鼠标　　　　　　　　最终效果

图4-43 操作流程图

技法解析

本实例学习改变人物眼睛颜色的方法，首先使用套索工具获取眼睛图像选区，然后使用"色彩平衡"命令调整眼睛颜色，最后使用加深工具对图像做进一步的修饰。

实例路径	实例\第4章\改变眼睛颜色.psd
素材路径	素材\第4章\蝴蝶美女.jpg

步骤01 打开"蝴蝶美女.jpg"素材图像（如图4-44所示），图像中的人物眼睛为黑色，下面将它改变成紫色。

图4-44 素材图像

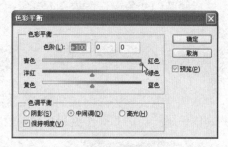**技巧提示**

亮度是颜色的相对明暗程度。Adobe Photoshop 工作区的排列方式可帮助用户集中精力创建和编辑图像。

步骤02 选择套索工具，按住【Shift】键加选绘制人物眼珠图像选区，如图4-45所示。

图4-45 绘制选区

步骤03 将光标放到选区中，单击鼠标右键，在弹出的菜单中选择"羽化"命令，打开"羽化选区"对话框，设置半径为2（如图4-46所示），单击"确定"按钮。

图4-46 设置羽化半径

步骤04 选择"图像"|"调整"|"色彩平衡"命令，在打开的对话框中将"红色"滑块拖动到最右边，如图4-47所示。

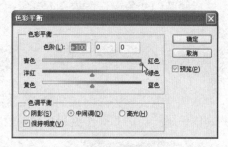

图4-47 拖动滑块

步骤05 再分别拖动其他两个滑块，如图4-48所示。

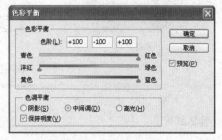

图4-48 拖动其他滑块

步骤06 单击"确定"按钮，得到人物眼睛变色效果，但仔细观察可以发现在眼睛周围还有一些溢出的颜色，如图4-49所示。

图4-50 涂抹图像

图4-49 得到紫色眼睛

步骤07 使用缩放工具放大右眼，选择加深工具，在属性栏中设置画笔大小为9，选择范围为"高光"，拖动鼠标涂抹右眼珠中溢出的紫色图像，如图4-50所示。

步骤08 选择抓手工具🖐移动到左眼图像，使用相同的方法对超出的紫色区域进行涂抹，完成眼睛的变色操作，如图4-51所示。

图4-51 最终效果

实例062 去除面部油光

本例将为人物去除面部的油光，通过本实例的学习，读者可以掌握仿制图章工具的具体使用技巧，其操作流程如图4-52所示。

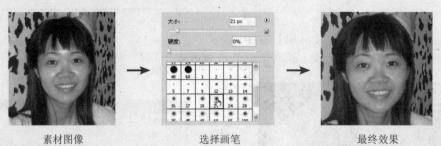

素材图像　　　　　　选择画笔　　　　　　最终效果

图4-52 操作流程图

🌼 技法解析

本实例学习去除人物面部油光效果的方法，首先选择仿制图章工具，找到适合的画笔样式和大小，然后对图像进行取样并修改，从而去除面部油光。

实例路径	实例\第4章\去除面部油光.psd
素材路径	素材\第4章\面部油光.jpg

步骤01 打开"面部油光.jpg"素材图像，使用缩放工具放大面部图像，如图4-53所示。

图4-53 放大图像

步骤02 选择仿制图章工具，在工具属性栏中设置模式为"变暗"，不透明度为51%，如图4-54所示。

图4-54 设置工具属性栏

步骤03 单击"画笔"旁边的三角形按钮，在弹出的对话框中设置画笔大小为21，如图4-55所示。

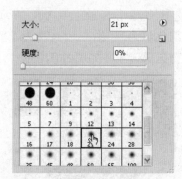

图4-55 设置画笔

步骤04 按住【Alt】键单击人物面部干净且没有油光的皮肤作为样本，如图4-56所示。

图4-56 取样图像

步骤05 取样后，在人物面部油光部分进行涂抹，去除油光，如图4-57所示。

图4-57 去除油光

步骤06 使用缩放工具放大额头，用同样的方法去除人物额头上的油光，最终效果如图4-58所示。

图4-58 最终效果

在使用仿制图章工具进行取样时，样本皮肤尽可能选择临近油光的皮肤，这样可以保证修复上的皮肤颜色的受光度和皮肤质感是油光被抹去后需要的皮肤，使去除油光后的肤色效果更加真实。

实例063 为人物更换背景

本例将为人物更换一个漂亮的草地背景，通过本实例的学习，读者可以掌握多边形套索工具和橡皮擦工具的使用方法，其操作流程如图4-59所示。

获取人物选区　　　　添加背景图像　　　　最终效果

图4-59 操作流程图

技法解析

本实例学习为人物更换背景的方法，首先选择多边形套索工具勾选出人物轮廓，然后添加草地背景到人物图像中，最后调整人物的色调，完成制作。

实例路径	实例\第4章\为人物更换背景.psd
素材路径	素材\第4章\姐妹.jpg、草地.jpg

步骤01 打开"姐妹.jpg"素材图像，在"图层"面板中双击背景图层，在弹出的对话框中保持默认设置，单击"确定"按钮将背景图层转换为图层0，如图4-60所示。

步骤02 选择多边形套索工具，在属性栏中设置羽化值为3，沿左边人物边缘单击，获得人物图像选区，如图4-61所示。

图4-60 转换背景图层　　　　图4-61 获取人物选区

步骤03 选择"选择"|"反向"命令，反选选区，然后按下【Delete】键删除图像，如图4-62所示。

图4-62 删除图像

步骤04 打开"草地.jpg"素材图像，使用移动工具将草地图像拖动到人物图像中，得到图层1，如图4-63所示。

图4-63 移动图像

步骤05 移动草地图像到适当的位置，布满整个画面。然后将图层1放到图层0的下方，使人物图像显现出来，按下【Ctrl+D】组合键取消人物选区，如图4-64所示。

图4-64 调整图像位置

步骤06 选择图层0，按下【Ctrl+T】组合键适当缩小图像，然后选择橡皮擦工具对人物边缘做细致的擦除，消除一些之前的背景图像，如图4-65所示。

图4-65 擦除图像

步骤07 选择"图像"|"调整"|"色彩平衡"命令，为人物添加一些"青色"和"黄色"，如图4-66所示。

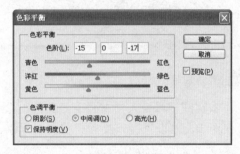

图4-66 设置参数

步骤08 单击"确定"按钮，图像最终效果如图4-67所示。

图4-67 最终效果

技巧提示

在"色彩平衡"对话框中，选择对话框下方的"阴影"、"中间调"和"高光"三个选项，可以对图像做更加精确的色彩调整。

实例064 改变衣服颜色

本例将改变人物衣服的颜色，通过本实例的学习，读者可以掌握快速蒙版的使用方法，其操作流程如图4-68所示。

打开素材图像   添加快速蒙版   最终效果

图4-68 操作流程图

 技法解析

本实例学习为人物衣服改变颜色的方法，首先添加快速蒙版，然后通过画笔工具涂抹衣服图像，获取选区，最后调整衣服颜色。

实例路径	实例\第4章\改变衣服颜色psd
素材路径	素材\第4章\走路的女人.jpg

步骤01 打开"走路的女人.jpg"素材图像（如图4-69所示），下面将改变人物衣服的颜色。

步骤02 单击工具箱下方的 按钮，进入快速蒙版模式。使用画笔工具涂抹人物衣服部分，如图4-70所示。

图4-69 打开素材图像   图4-70 涂抹图像

步骤03 按下【Q】键建立选区，然后选择"选择"|"反选"命令得到衣服选区，如图4-71所示。

图4-71 获取选区

步骤04 选择"图像"|"调整"|"色相/饱和度"命令，打开"色相/饱和度"对话框，将"色相"滑块向右移动，变换衣服颜色为深紫色，如图4-72所示。

图4-72 调整"色相"参数

步骤05 增加图像的饱和度，设置值为20，如图4-73所示。

图4-73 设置"饱和度"参数

步骤06 单击"确定"按钮，最终效果如图4-74所示。

图4-74 最终效果

技巧提示

用户还可以在"色相/饱和度"对话框中选择某一种颜色单独进行调整。

实例065 添加蓝天白云

本例将为图像添加蓝天白云，通过本实例的学习，读者可以掌握移动图像、翻转图像和隐藏图像等操作方法，其操作流程如图4-75所示。

 →  →

打开素材图像　　　　　　　添加蓝天白云　　　　　　　最终效果

图4-75 操作流程图

 技法解析

　　本实例学习为图像添加蓝天白云和投影的方法，首先将蓝天白云图像移动到需要编辑的图像中，然后对蓝天白云图像进行编辑，使其与背景图像融合在一起。

实例路径	实例\第4章\添加蓝天白云.psd
素材路径	素材\第4章\人物.jpg、蓝天白云.jpg

步骤01 打开"人物.jpg"和"蓝天白云.jpg"素材图像，如图4-76和图4-77所示。

图4-76 人物图像

图4-78 绘制选区

图4-79 移动图像

步骤03 选择"图像"|"调整"|"亮度/对比度"命令，增强图像的亮度，效果如图4-80所示。

图4-77 蓝天白云图像

步骤02 切换到天空图像中，使用矩形选框工具绘制一个选区（如图4-78所示），再使用移动工具将其拖动到人物照片中，并翻转图像调整大小和位置，如图4-79所示。

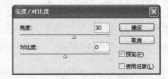

图4-80 调整亮度参数

步骤04 单击"确定"按钮，得到调整后的图像效果，如图4-81所示。

图4-81 图像效果

步骤05 切换到"图层"面板中，将图层1的不透明度设置为60%，得到的效果如图4-82所示。

图4-82 图像效果

步骤06 单击"图层"面板下方的添加图层蒙版按钮，使用画笔工具对天空图像做涂抹，如图4-83所示。

步骤07 隐藏天空图像中的多余部分，如图4-84所示。

图4-83 涂抹天空图像

图4-84 涂抹效果

步骤08 复制图层1，选择"编辑"|"变换"|"垂直翻转"命令，调整图像位置，效果如图4-85所示。

图4-85 翻转图像

步骤09 设置图层不透明度为30%，然后使用图层蒙版，隐藏图像中的多余部分，得到倒影效果，如图4-86所示。

图4-86 最终效果

实例066 修饰眉毛

本例将为人物修饰眉毛，通过本实例的学习，读者可以掌握仿制图章工具的操作方法，其操作流程如图4-87所示。

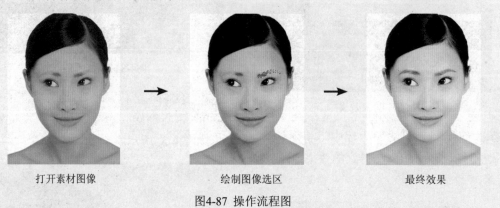

打开素材图像　　　　　　绘制图像选区　　　　　　最终效果

图4-87 操作流程图

 技法解析

本实例学习为人物眉毛做修饰的方法，让眉形显得更加自然、漂亮，首先使用套索工具绘制出眉毛选区，然后使用仿制图章工具对图像做复制操作。

实例路径	实例\第4章\修饰眉毛.psd
素材路径	素材\第4章\素颜美女.jpg

步骤01 打开"素颜美女.jpg"素材图像，可以看到图像中人物眉毛没有形状，有些地方很稀薄，如图4-88所示。

图4-88 打开素材图像

步骤02 按下【Ctrl+J】组合键，复制背景图层，得到图层1，改变该图层混合模式为"柔光"，如图4-89所示。

步骤03 按下【Ctrl+E】组合键合并图层，选择套索工具，在人物眉毛处绘制出右眉毛选区范围，如图4-90所示。

图4-89 设置图层混合模式

步骤04 选择"选择"|"修改"|"羽化"命令，打开"羽化选区"对话框，设置羽化

半径为2（如图4-91所示），单击"确定"按钮。

图4-90 绘制选区

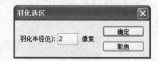

图4-91 设置羽化半径

步骤05 选择仿制图章工具，在属性栏中设置各选项，如图4-92所示。

图4-92 设置属性栏选项

步骤06 按住【Alt】键单击选区左侧较浓密的眉毛图像进行取样，如图4-93所示。

图4-93 取样图像

步骤07 在选区中拖动鼠标，复制出眉毛图像，如图4-94所示。

图4-94 复制图像

步骤08 选择套索工具在左侧眉毛中绘制选区，如图4-95所示。

步骤09 对选区羽化后，使用仿制图章工具对眉毛图像取样，然后拖动鼠标，复制出眉毛图像，如图4-96所示。

图4-95 绘制选区

图4-96 复制左侧眉毛图像

步骤10 使用仿制图章工具对两个眉毛做修饰，完成本实例的制作，最终效果如图4-97所示。

图4-97 最终效果

技巧提示

　　使用仿制图章工具 可以将图像复制到其他位置或是不同的图像中，按下【S】键可以快速选择仿制图章工具，按下【Shift+S】组合键可在仿制图章工具和图案工具间切换。

实例067　美化睫毛

　　本例将为人物眼睛添加睫毛，通过本实例的学习，读者可以掌握"画笔"面板的设置以及画笔的使用方法，其操作流程如图4-98所示。

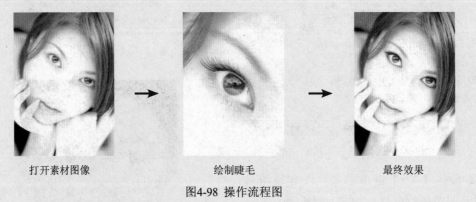

打开素材图像　　　　　　绘制睫毛　　　　　　最终效果

图4-98　操作流程图

技法解析

　　本实例学习为人物眼睛绘制睫毛的方法，让眼睛看起来更加有神、明亮，首先设置"画笔"面板中各项参数，然后在眼睛上方绘制出睫毛图像即可。

实例路径	实例\第4章\美化睫毛.psd
素材路径	素材\第4章\清纯妹妹.jpg

01 打开"清纯妹妹.jpg"素材图像，拖动背景图层到"图层"面板下方的"创建新图层"按钮 上，复制出背景副本图层，如图4-99所示。

图4-99　打开素材图像

步骤02 新建图层1,选择缩放工具 ,单击人物眼睛部位放大右眼,如图4-100所示。

步骤03 选择画笔工具,设置前景色为黑色,单击属性栏上的 按钮,打开"画笔"对话框,选择"画笔笔尖形状"选项,设置画笔为"沙丘草",设置其他参数,如图4-101所示。

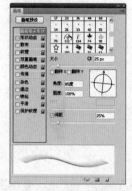

图4-100 放大图像　　　图4-101 设置画笔参数

步骤04 设置好画笔参数后,在窗口中绘制右眼上睫毛,如图4-102所示。

步骤05 在绘制过程中,按下【[】键或【]】键可以任意调整画笔大小和转动"箭头"轴调整角度再绘制睫毛,如图4-103所示。

图4-102 绘制睫毛　　　图4-103 调整画笔绘制

步骤06 选择背景副本图层,选择加深工具,设置工具属性栏上的曝光度为50%,对眼睛边缘进行涂抹使之肤色加深,如图4-104所示。

步骤07 新建图层2。选择画笔工具,设置工具属性栏上的不透明度为100%,单击属性

栏上的 按钮,打开"画笔"对话框,选中"翻转X"复选框,设置参数后绘制右眼下睫毛,如图4-105所示。

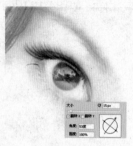

图4-104 加深肤色　　　图4-105 绘制睫毛

步骤08 在绘制过程中,可适当调整画笔大小和角度,如图4-106所示。

图4-106 绘制睫毛

步骤09 选择背景副本图层,选择工具箱中的加深工具,设置工具属性栏上的曝光度为30%,对眼睛边缘进行涂抹使之肤色加深,如图4-107所示。

步骤10 新建图层3,选择工具箱中的缩放工具,点击人物眼睛部位放大右眼,如图4-108所示。

图4-107 加深图像　　　图4-108 放大图像

步骤 11 选择工具箱中的画笔工具，单击工具属性栏上的 按钮，打开"画笔"对话框，选中"翻转Y"复选框，绘制方法同右眼相同，如图4-109所示。

步骤 12 新建图层4。绘制左眼下睫毛，同时选中"翻转X"和"翻转Y"复选框，绘制方法同右眼相同。再双击缩放工具显示整个画面，完成整个操作，最终效果如图4-110所示。

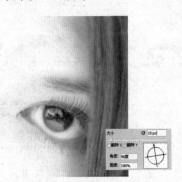

图4-109 绘制左眼

图4-110 最终效果

实例068 染色头发

本例将为图像中乌黑的人物头发制作出染发效果，通过本实例的学习，读者可以掌握快速蒙版和渐变工具的使用技巧，其操作流程如图4-111所示。

打开素材图像　　　　添加快速蒙版　　　　最终效果

图4-111 操作流程图

 技法解析

本实例为头发制作染色效果，让人物显得更加时尚，首先通过快速蒙版获取头发图像的选区，然后使用渐变工具对选区做渐变填充，最后设置图层混合模式即可。

实例路径	实例\第4章\染色头发.psd
素材路径	素材\第4章\长发美女.jpg

步骤01 打开"长发美女.jpg"素材图像,按下【Ctrl+J】组合键复制背景图层,得到图层1,如图4-112所示。

图4-112 打开素材图像

步骤02 新建图层2,单击工具箱底部的 按钮,进入快速蒙版状态。

步骤03 选择画笔工具,在工具属性栏中打开"画笔"面板,设置画笔样式为"柔角",然后再设置画笔大小为90,如图4-113所示。

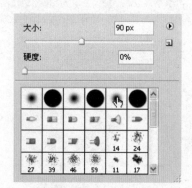

图4-113 设置画笔

步骤04 设置好画笔后,在人物头发图像中做涂抹,涂抹的区域将以透明红色显示,如图4-114所示。

步骤05 按下【Q】键,退出快速蒙版,获取选区,再选择"选择"|"反向"命令,反向选择选区,得到头发图像的区域,如图4-115所示。

图4-114 涂抹头发

图4-115 获取选区

步骤06 选择渐变工具,打开"渐变编辑器"对话框,选择"橙,黄,橙渐变"样式,如图4-116所示。

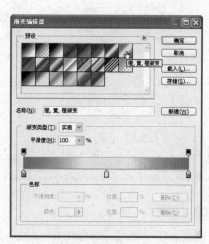

图4-116 选择渐变样式

步骤07 设置好渐变颜色后，对选区做线性渐变填充，切换到"图层"面板中，然后设置图层2的图层混合模式为"柔光"，如图4-117所示。

图4-117 设置图层混合模式

图4-118 填充效果

步骤08 按下【Ctrl+D】组合键取消选区，效果如图4-118所示。

步骤09 选择橡皮擦工具，将头发周围溢出的颜色进行擦除，并设置图层2的不透明度为80%，完成本实例的制作，如图4-119所示。

图4-119 最终效果

实例069 修饰面部瑕疵

本例将修饰人物面部的雀斑，通过本实例的学习，读者可以掌握快速蒙版和"高斯模糊"滤镜的操作，其操作流程如图4-120所示。

打开素材图像　　　　　　应用快速蒙版　　　　　　最终效果

图4-120 操作流程图

技法解析

本实例对人物面部瑕疵进行的消除处理，主要应用快速蒙版建立选区和综合应用滤镜特殊效果的方法和技巧，快速消除皮肤上的瑕疵。

实例路径	实例\第4章\修饰面部瑕疵.psd
素材路径	素材\第4章\面部.jpg

步骤01 打开"面部.jpg"素材图像，可以看到人物面部有许多雀斑，如图4-121所示。

图4-121 打开素材图像

步骤02 按下【Ctrl+J】组合键复制图层，选取修补工具 ● 进行大致的修补，使鼻子附近大块的雀斑被覆盖掉。在这个步骤中，只需把大块的雀斑消除就行了，对于细小的雀斑，将在后面的操作步骤中完成，如图4-122所示。

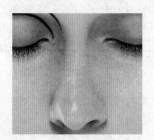

图4-122 修饰图像

🔓 技巧提示

　　在绘制过程中，按下【[】键或【]】键可以任意调整画笔大小和转动"箭头"轴调整角度再绘制睫毛。

步骤03 单击工具箱中的"以快速蒙版模式编辑"按钮 ◙ ，进入快速蒙版状态，如图4-123所示。

图4-123 进入快速蒙版

步骤04 按下【D】键，确定前景色为默认的黑色，选取画笔工具在皮肤粗糙的地方均匀涂抹，完成效果如图4-124所示。

图4-124 涂抹图像

步骤05 在涂抹时，留出眉、眼睫毛、嘴等不需要处理的地方，画笔的大小可根据不同的图像区域进行自由调节，效果如图4-125所示。

图4-125 涂抹整体图像

步骤06 按下键盘上的【Q】键，将蒙版转换为选区。此时，你会发现"通道"面板中的"快速蒙版"层也消失了，如图4-126所示。

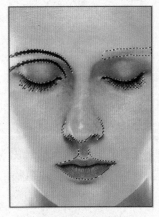

图4-126 获取选区

步骤07 选择"选择"|"反选"命令或按下【Shift+Ctrl+I】组合键，将选区作反选处理；按下"通道"面板底部的"将选区保存为通道"按钮，将选区转换为Alpha通道，如图4-127所示。

图4-127 转换为通道

步骤08 回到"图层"面板中的图层1，选择"选择"|"载入选区"命令，打开"载入选区"对话框，在通道下拉菜单中选择"Alpha 1"命令，单击"确定"按钮，完成选区的载入，如图4-128所示。

图4-128 "载入选区"对话框

步骤09 选择"滤镜"|"模糊"|"高斯模糊"命令，打开"高斯模糊"对话框。设置半径为8像素后，按下"确定"按钮，完成操作（如图4-129所示）。此时会发现皮肤变得细腻光滑，如图4-130所示。

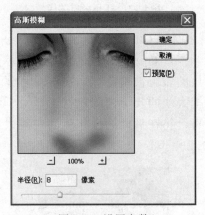

图4-129 设置参数

图4-130 模糊效果

步骤10 选择"编辑"|"渐隐填充"命令或按下【Shift+Ctrl+F】组合键,打开"渐隐"对话框,设置不透明度为70%,模式为正常,如图4-131所示。

图4-131 设置参数

步骤11 单击"确定"按钮后取消选区,得到人物面部模糊效果,如图4-132所示。

图4-132 图像效果

步骤12 经过滤镜的处理,皮肤细腻了很多,接下来的工作就是细部柔化了。选取模糊工具,设置大约在20%左右强度值,画笔的大小可根据不同的图像区域进行自由调节。对眼、鼻、嘴等部位进行柔化处理,最终效果如图4-133所示。

图4-133 最终效果

技巧提示

在快速蒙版中涂抹人物图像时,如果在涂抹时出现失误,可以使用橡皮擦工具来修改。在处理过程中可以尽量放大图像的显示比例,使操作更为轻松和准确。

实例070 宝宝大头贴

本例将制作一个儿童合成图像,通过本实例的学习,读者可以掌握图层的应用技巧,以及绘制图像的操作,其操作流程如图4-134所示。

绘制背景

绘制小草图像

最终效果

图4-134 操作流程图

技法解析

本实例制作儿童合成图像，首先制作渐变图像，然后在其中绘制多个圆形，得到卡通背景，最后添加草地和人物等，完成制作。

	实例路径	实例\第4章\宝宝大头贴.psd
	素材路径	素材\第4章\乖乖.psd、兔子.psd

步骤01 新建图像文件，创建图层1，如图4-135所示。

图4-135 新建文件

步骤02 设置前景色为粉红色（R255,G138,B182）。选择渐变工具，在工具属性栏中选中"反色"复选框，自动选择"背景到前景"的渐变，在窗口中自右下方向左上方拖移拉出渐变图案，如图4-136所示。

图4-136 渐变填充背景

步骤03 选择椭圆选框工具，在工具属性栏中单击"添加到选区"按钮，设置羽化为1，在窗口中绘制多个椭圆选区，如图4-137所示。

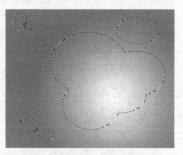

图4-137 绘制选区

技巧提示

当用户选择任意一个选框工具后，按住【Shit】键可以加选选区，按住【Alt】键可以减选选区。

步骤04 选择"编辑"|"清除"命令，删除选区内容，按下【Ctrl+D】组合键取消选区，如图4-138所示。

图4-138 填充选区

步骤05 新建图层2，选择椭圆选框工具，在属性栏中单击"新选区"按钮，按住【Shift】键在窗口中白色图形边缘绘制正圆选区，按【Alt+Delete】组合键为选区内填充前景色，如图4-139所示。

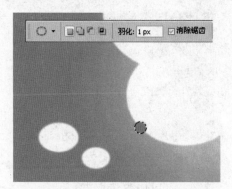

图4-139 填充选区

步骤06 双击"图层"面板上图层2后面的空白处，打开"图层样式"对话框，选中"内阴影"复选框，设置混合模式为"变亮"，距离为6，大小为10，等高线为锥形-翻转（如图4-140所示），单击"确定"按钮得到如图4-141所示的图像效果。

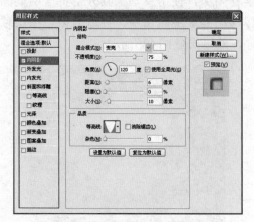

图4-140 设置内阴影参数

图4-141 图像效果

步骤07 按住【Ctrl+Alt】组合键不放，拖动选区中的图形到相邻位置，在图层2上复制出一个新圆，如图4-142所示。

图4-142 绘制圆形

步骤08 按照相同的方法，按住【Ctrl+Alt】组合键不放继续沿粉色边缘复制多个图形，如图4-143所示。

图4-143 复制多个图形

步骤09 按住【Ctrl+Alt】组合键不放，拖动复制多个图形到窗口的其他位置，排列成好看的图案，按【Ctrl+D】组合键取消选区，效果如图4-144所示。

图4-144 复制图像

PART 04

步骤10 选择自定形状工具，单击工具属性栏上的"路径"按钮，设置形状为草2，在窗口下方拖移，绘制青草图案的路径，单击"路径"面板下方的"将路径作为选区载入"按钮，将路径转换为选区，如图4-145所示。

图4-145 载入选区

步骤11 新建图层3，设置前景为灰绿色（R133,G177,B159），按下【Alt+Delete】组合键将选区内填充为前景色，按下【Ctrl+D】组合键取消选区，如图4-146所示。

图4-146 填充选区

步骤12 在属性栏中设置形状为花5，按住【Shift】键不放，在窗口下方绘有草丛的位置拖移，绘制若干个等比例花朵图案。按【Ctrl+Enter】组合键，将路径转换为选区，如图4-147所示。

图4-147 获取选区

步骤13 单击"图层"面板底部的"创建新图层"按钮，新建图层4，设置前景为淡青色（R163,G245,B255），按下【Alt+Delete】组合键将选区内填充为前景色，按【Ctrl+D】组合键取消选区，如图4-148所示。

步骤14 打开"乖乖.psd"和"兔子.psd"素材图像，使用移动工具分别将这两幅图像移动到童趣图像中，并适当调整图层顺序，效果如图4-149所示。

图4-148 填充图像

图4-149 移动图像

步骤15 执行"亮度/对比度"命令，打开该
对话框，设置亮度参数为25，如图4-150
所示。

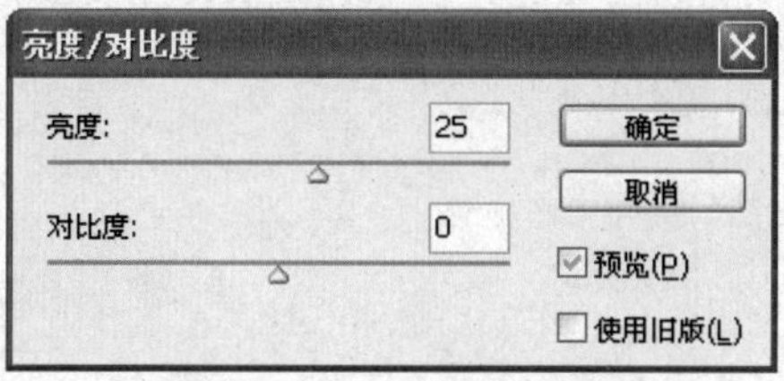

步骤16 单击"确定"按钮，最终效果如图
4-151所示。

图4-150 调整"亮度"参数

图4-151 最终效果

演绎不一般的精彩,

图说经典设计理念

PART

第5章

文字与纹理特效

本章重点介绍文字与纹理特效的制作方法，其中包括铁锈字、水晶字、金属字和豹纹特效等一系列质感很强的实例。

文字和纹理在广告宣传中可以大力运用，使平面作品更加丰富多彩，优秀的文字设计往往能体现出平面设计的与众不同，能起到更好的宣传作用。

效果展示

实例071 火焰字

本例将制作火焰字，通过本实例的学习，读者可以掌握"风"滤镜和"旋转画布"命令的操作技巧，其操作流程如图5-1所示。

输入文字　　　　　　　　模糊效果　　　　　　　　存储图像

图5-1 操作流程图

 技法解析

本实例学习火焰字的制作方法，首先输入文字，然后对画布做旋转，添加"风"滤镜，使用涂抹工具制作出火焰图像，再添加颜色即可制作出火焰文字。在制作过程中还使用了"高斯模糊"命令模糊图像，使火焰效果更加真实。

实例路径	实例\第5章\火焰字.psd
素材路径	素材\第5章\无

步骤01 新建一个图像文件，填充背景颜色为黑色，如图5-2所示。

图5-2 填充背景

步骤02 选择横排文字工具 T，在其工具属性栏中设置字体为黑体、文字颜色为白色，然后在窗口中输入文字，如图5-3所示。

图5-3 输入文字

步骤03 按住【Ctrl】键，在"图层"面板中分别选择背景图层和文字图层，并单击鼠标右键，在弹出的快捷菜单中选择"复制图层"命令。

步骤04 按下【Ctrl+E】组合键，将复制的图层进行合并，将合并的图层命名为"火焰"如图5-4所示。

图5-4 "图层"面板

步骤05 选择"图像"|"旋转图像"|"旋转90度（顺时针）"命令，将画布进行旋转，如图5-5所示。

图5-5 旋转图像

步骤06 选择"滤镜"|"风格化"|"风"命令，打开"风"对话框，并设置其参数，单击"确定"按钮，如图5-6所示。

图5-6 设置"风"滤镜

步骤07 单击"确定"按钮，得到图像的风吹效果（如图5-7所示），然后按下【Ctrl+F】组合键，重复两次上一步滤镜的操作。

图5-7 图像效果

步骤08 选择"图像"|"旋转图像"|"旋转90度（逆时针）"命令，将画布进行旋转，如图5-8所示。

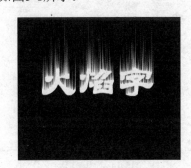

图5-8 旋转图像

步骤09 选择"滤镜"|"模糊"|"高斯模糊"命令，在打开的"高斯模糊"对话框中设置参数（如图5-9所示），单击"确定"按钮，得到的图像效果如图5-10所示。

图5-9 设置模糊参数

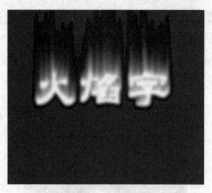

图5-10 模糊效果

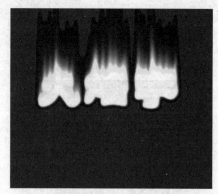

图5-13 图像效果

步骤 10 选择"图像"|"调整"|"色相/饱和度"命令，在打开对话框中设置参数为40、62和0（如图5-11所示），单击"确定"按钮，效果如图5-12所示。

步骤 12 按下【Ctrl+E】组合键向下合并图层，选择涂抹工具，在其工具属性栏中设置强度为60%，在火焰的部分进行涂抹，效果如图5-14所示。

图5-11 设置参数

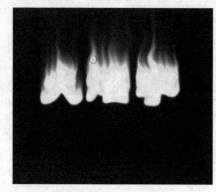

图5-14 涂抹效果

步骤 13 选择"滤镜"|"模糊"|"高斯模糊"命令，在打开的"高斯模糊"对话框中设置半径为1像素，效果如图5-15所示。

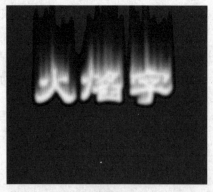

图5-12 调整颜色效果

步骤 11 按下【Ctrl+J】组合键，复制图层，在"图层"面板中设置图层混合模式为"颜色减淡"，图像效果如图5-13所示。

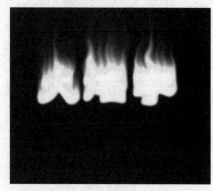

图5-15 模糊效果

步骤14 在"图层"面板中将文字图层拖动到最上层，然后选择文字图层，双击图层，在打开的对话框中选中"内发光"复选框，设置颜色为黄色（R255,G255,B58），其他参数设置如图5-16所示。

图5-16 设置内发光参数

步骤15 选中"渐变叠加"复选框，设置渐变叠加颜色为从黑色到白色，其余参数如图5-17所示。

步骤16 选中"描边"复选框，设置描边颜色为黑色，其余参数设置如图5-18所示。

图5-17 设置渐变叠加参数

图5-18 设置描边参数

步骤17 单击"确定"按钮，得到的文字效果如图5-19所示。

图5-19 文字效果

步骤18 按下【Ctrl+E】组合键向下合并图层，再选择"图像"|"变换"|"垂直翻转"命令，将图像垂直翻转，并调整图像的位置，如图5-20所示。

图5-20 翻转图像

步骤19 在"图层"面板中设置图层的不透明度为35%，单击"图层"面板上的"添加图层蒙版"按钮 ，使用画笔工具在图像中适当涂抹，投影效果如图5-21所示。

图5-21 最终效果

技巧提示

　　Photoshop CS5共支持20多种格式的图像，使用不同的文件格式保存图像，对图像将来的应用起着非常重要的作用。选择"文件"|"打开"命令或"文件"|"存储为"命令后，打开相对应的对话框，在文件类型下拉列表框中，用户可以看见所需用到的文件格式。

实例072 光芒字

　　本例将制作光芒字，通过本实例的学习，读者可以掌握"极坐标"滤镜和图层混合模式的具体设置方法，其操作流程如图5-22所示。

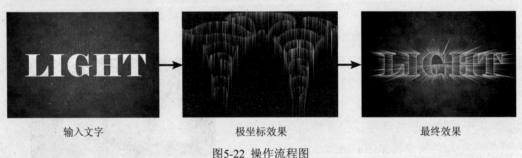

　　输入文字　　　　　　　　　　极坐标效果　　　　　　　　　　最终效果

图5-22 操作流程图

技法解析

　　本实例学习光芒字的制作方法，首先输入文字，载入文字选区做描边操作，然后再结合"极坐标"滤镜、"风"滤镜和"旋转画布"命令，制作出文字的光芒发散效果，最后设置图层混合模式以及调整颜色等，得到光芒字效果。

实例路径	实例\第5章\光芒字.psd
素材路径	素材\第5章\花朵背景.jpg

步骤01 打开"花朵背景.jpg"素材图像，使用横排文字工具在图像中输入文字，如图5-23所示。

步骤02 新建图层1，填充为黑色，并将图层1放到文字图层的下方，如图5-24所示。

图5-23 输入文字

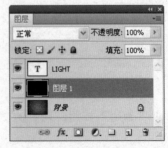

图5-24 调整图层顺序

步骤03 单击文字图层缩览图前的"指示图层可视性"按钮👁，隐藏文字图层。选择图层1，按住【Ctrl】键不放单击文字图层的缩览图，载入文字选区，如图5-25所示。

图5-25 载入选区

步骤04 选择"编辑"|"描边"命令，在打开的对话框中设置宽度为3像素，颜色为白色，位置为"居外"，单击"确定"按钮，得到的描边效果如图5-26所示。

图5-26 描边图像

步骤05 选择"滤镜"|"扭曲"|"极坐标"命令，在打开对话框中选择"极坐标到平面坐标"单选按钮，单击"确定"按钮，得到如图5-27所示的效果。

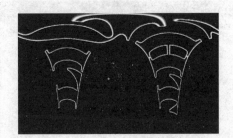

图5-27 极坐标效果

步骤06 选择"图像"|"图像旋转"|"90度（顺时针）"命令，顺时针旋转画布90°，如图5-28所示。

步骤07 按下【Ctrl+I】组合键将图像反相，如图5-29所示。

图5-28 旋转画布　　图5-29 反相效果

步骤08 选择"滤镜"|"风格化"|"风"命令，在打开的对话框中选中"风"单选按钮，设置方向为从右，完成后按下【Ctrl+F】组合键重复上一次滤镜命令，如图5-30所示。

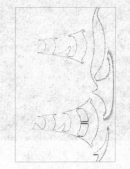

图5-30 "风"滤镜效果

步骤09 按下【Ctrl+I】组合键将图像反相，再执行3次"风"滤镜；然后选择"图像"|"图像旋转"|"90度（逆时针）"命令，逆时针旋转画布90°，效果如图5-31所示。

图5-31 图像效果

步骤10 选择"滤镜"|"扭曲"|"极坐标"命令，在打开的对话框中选中"平面坐标到极坐标"单选按钮，单击"确定"按钮，图像效果如图5-32所示。

图5-32 极坐标效果

步骤11 在"图层"面板中设置图层1的图层混合模式为"柔光"，图像效果如图5-33所示。

图5-33 图像效果

步骤12 按下【Ctrl+J】组合键复制图层1，得到图层1副本，改变其图层混合模式为"滤色"，效果如图5-34所示。

步骤13 新建图层2，按住【Ctrl】键单击文字图层，载入选区，如图5-35所示。

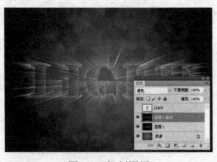

图5-34 复制图层

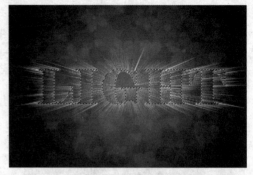

图5-35 载入选区

步骤14 选择"编辑"|"描边"命令，打开对话框，设置宽度为3像素，颜色为黄色，单击"确定"按钮，如图5-36所示。

图5-36 描边效果

步骤15 选择图层1副本，按下【Ctrl+U】组合键，打开"色相/饱和度"对话框，选中"着色"复选框，设置参数为74、61、0，如图5-37所示。

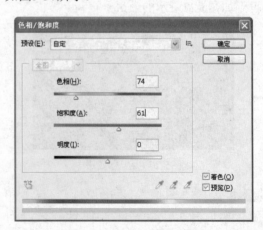

图5-37 设置"色相/饱和度"

步骤16 单击"确定"按钮，得到图像的着色效果，如图5-38所示。

步骤17 选择图层1副本，选择"滤镜"|"模糊"|"高斯模糊"命令，在打开的对话框中设置半径为2，单击"确定"按钮，完成本实例的制作，最终效果如图5-39所示。

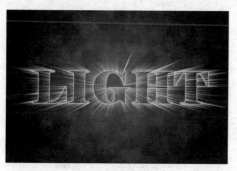

图5-38 着色效果

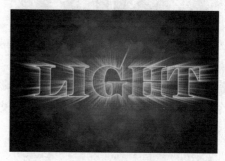

图5-39 最终效果

实例073 铁锈字

本例将制作铁锈字，通过本实例的学习，读者可以掌握多种滤镜的操作和"图层样式"的具体设置方法，其操作流程如图5-40所示。

输入文字 → 浮雕效果 → 最终效果

图5-40 操作流程图

 技法解析

本实例学习铁锈字的制作方法，首先输入文字，对文字添加图层样式，然后再对文字应用多种滤镜命令，最终得到文字表面的铁锈效果。

实例路径	实例\第5章\铁锈字.psd
素材路径	素材\第5章\心.jpg

步骤01 新建一个图像文件，使用横排文字工具输入文字，颜色为灰色（R126,G126,B126），如图5-41所示。

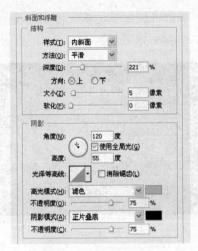

图5-44 设置浮雕参数

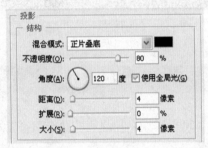

图5-41 输入文字

步骤02 选择"图层"|"图层样式"|"投影"命令，打开"图层样式"对话框，设置投影为黑色，其他参数设置如图5-42所示。

图5-42 设置投影参数

步骤03 选中"内发光"复选框，设置混合模式为"正片叠底"，其他参数设置如图5-43所示。

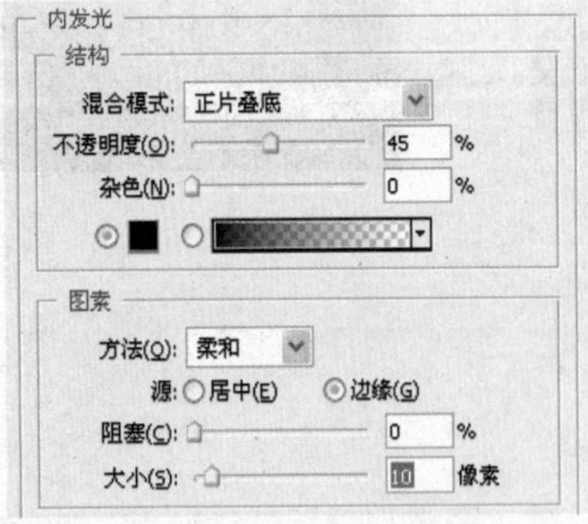

图5-43 设置内发光参数

步骤04 选中"斜面和浮雕"复选框，设置高光模式为"滤色"，颜色为蓝色（R172,G193,B144），其他参数设置如图5-44所示。

步骤05 新建图层1，按下【D】键，将前景色与背景色复位，选择"滤镜"|"渲染"|"云彩"命令，随机生成黑白云彩图像，如图5-45所示。

图5-45 云彩效果

步骤06 选择"滤镜"|"杂色"|"添加杂色"命令，在打开的"添加杂色"对话框中设置"数量"为10%，选中"高斯分布"单选按钮，选中"单色"复选框，单击"确定"按钮，效果如图5-46所示。

图5-46 杂色效果

步骤07 选择"滤镜"|"模糊"|"动感模糊"命令，在打开的"动感模糊"对话框中设置"角度"为0，设置"距离"为27，单击"确定"按钮，图像效果如图5-47所示。

图5-47 动感模糊效果

步骤08 按下【Alt+Ctrl+G】组合键，将图层1转换为文字图层的剪贴蒙版，使其只作用于文字范围内。

步骤09 设置前景色为土黄色（R136,G48,B0），设置背景色为锈红色（R204,G84,B23），选择"滤镜"|"渲染"|"云彩"命令，将随机生成云彩效果，如图5-48所示。

图5-48 图像效果

步骤10 按下【Alt+Ctrl+G】组合键，将图层2转换为剪贴蒙版，使其只作用于文字范围内，效果如图5-49所示。

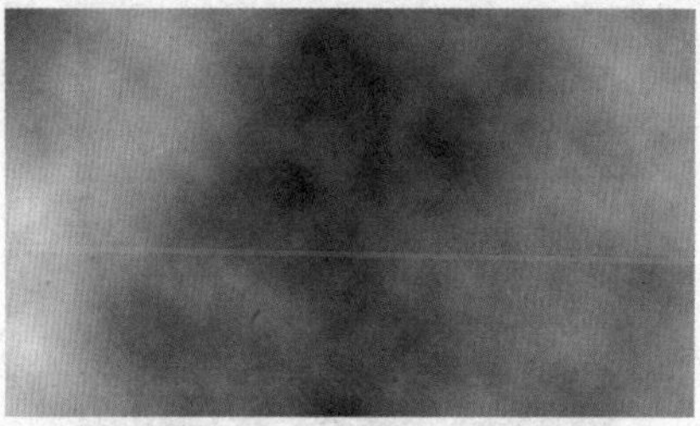

图5-50 通道效果

步骤12 选择图层2，选择"滤镜"|"渲染"|"光照效果"命令，在打开的"光照效果"对话框中设置"纹理通道"为Alpha1，其他参数设置如图5-51所示。

步骤13 单击"图层"面板上的"添加图层蒙版"按钮，为该图层添加白色蒙版。然后选择画笔工具，在属性栏中设置画笔为干介质画笔中的炭纸蜡笔，设置前景色为黑色，在蒙版中涂抹，效果如图5-52所示。

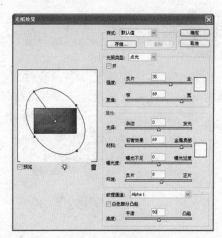

图5-51 设置光照参数

图5-49 文字效果

图5-52 文字效果

步骤11 切换到"通道"面板，新建Alpha1通道，对其应用"云彩"和"添加杂色"滤镜，效果如图5-50所示。

步骤14 打开"心.jpg"素材图像，使用移动工具将制作的铁锈文字拖动到该图像中，如图5-53所示。

图5-53 移动文字

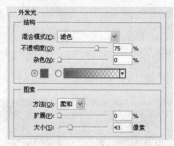

图5-54 设置外发光参数

步骤15 选择"图层"|"图层样式"|"外发光"命令，打开"图层样式"对话框，设置外发光颜色为灰色（R105,G99,B96），其他参数设置如图5-54所示。

步骤16 单击"确定"按钮，最终效果如图5-55所示。

图5-55 最终效果

实例074 粉色水晶字

本例将制作粉色水晶字，通过本实例的学习，读者可以掌握图层混合模式中斜面和浮雕样式的具体设置方法，其操作流程如图5-56所示。

输入文字

最终效果

图5-56 操作流程图

 技法解析

本实例学习粉色水晶字的制作方法，首先输入文字，然后为文字添加投影、内发光和浮雕等样式，得到粉色水晶字效果。

实例路径	实例\第5章\粉色水晶字.psd
素材路径	素材\第5章\花束.jpg

步骤01 打开"花束.jpg"素材图像，使用横排文字工具在图像中输入文字，填充为粉红色（R224,G133,B165），如图5-57所示。

图5-57 输入文字

步骤02 选择"图层"|"图层样式"|"投影"命令，打开"图层样式"对话框，设置投影颜色为深红色（R104,G8,B42），其余参数如图5-58所示。

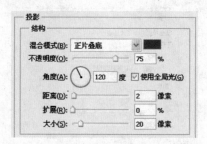

图5-58 设置投影参数

步骤03 选中"内发光"复选框，设置内发光颜色为水红色（R179,G48,B92），其他参数设置如图5-59所示。

步骤04 选中"斜面和浮雕"复选框，设置阴影模式为"滤色"，颜色为粉红色（R224,G133,B165），设置光泽等高线为"内凹-深"，其他参数设置如图5-60所示。

图5-59 设置内发光参数

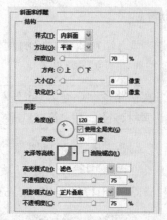

图5-60 设置浮雕参数

步骤05 单击"确定"按钮，得到文字效果，如图5-61所示。

图5-61 文字效果

实例075 塑料质感文字

本例将制作塑料质感文字，通过本实例的学习，读者可以掌握"斜面和浮雕"样式中等高线的具体调整技巧，其操作流程如图5-62所示。

输入文字　　　　　　　　内发光效果　　　　　　　　最终效果

图5-62 操作流程图

 技法解析

　　本实例学习塑料质感文字的制作方法，首先输入文字，然后通过多种图层样式的设置，得到塑料质感文字效果。

	实例路径	实例\第5章\塑料质感文字.psd
	素材路径	素材\第5章\蝴蝶.jpg

步骤01 打开"蝴蝶.jpg"素材图像，使用横排文字工具在图像中输入文字，填充为粉红色（R251,G146,B176），如图5-63所示。

图5-63 输入文字

步骤02 选择"图层"|"图层样式"|"内发光"命令，打开"图层样式"对话框，设置内发光颜色为红色（R196,G2,B38），其余参数设置如图5-64所示。

步骤03 得到的文字的内发光效果如图5-65所示。

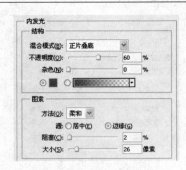

图5-64 设置内发光参数

图5-65 内发光效果

步骤04 选中"斜面和浮雕"复选框，单击"光泽等高线"右侧的图标，在打开的"等高线编辑器"对话框中编辑曲线，如图5-66所示。

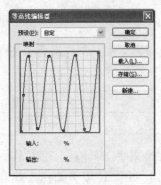

图5-66 编辑曲线

步骤05 编辑好曲线后，再设置其他参数，如图5-67所示。

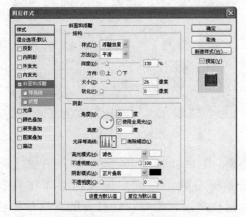

图5-67 设置各项参数

步骤06 选中"描边"复选框，设置描边颜色为深红色（R161,G16,B58），描边大小为7，如图5-68所示。

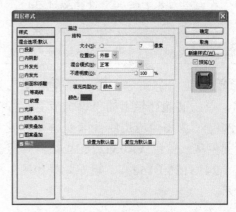

图5-68 设置描边参数

步骤07 单击"确定"按钮，得到文字的质感效果，如图5-69所示。

图5-69 最终效果

实例076 潜水文字

本例将制作潜水文字，通过本实例的学习，读者可以掌握钢笔工具的使用和"图层样式"对话框的具体设置方法，其操作流程如图5-70所示。

绘制背景　　　　　　　文字效果　　　　　　　最终效果

图5-70 操作流程图

技法解析

　　本实例学习潜水字的制作方法，首先使用渐变工具和钢笔工具制作出背景图像，然后输入文字，为文字添加多种图层样式，最后绘制出水泡，得到潜水文字。

实例路径	实例\第5章\潜水文字.psd
素材路径	素材\第5章\无

步骤01 新建一个图像文件，选择渐变工具，单击其属性栏上的"编辑渐变"按钮，为图像应用线性渐变填充，设置渐变色从浅蓝色（R0,G224,B245）到深蓝色（R4,G122,B152），填充效果如图5-71所示。

图5-71　添加渐变颜色

步骤02 选择钢笔工具，在其属性栏上单击"路径"按钮，在窗口中绘制波浪型闭合路径，如图5-72所示。

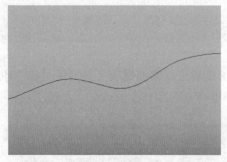

图5-72　绘制路径

步骤03 按下【Ctrl+Enter】组合键，将路径转换为选区，设置前景色为白色，选择渐变工具，对选区应用从白色到透明的线性渐变填充。

步骤04 选择文字工具T，在工具属性栏中选择字体，并设置文字颜色为任意色，在窗口中输入文字，如图5-73所示。

图5-73　输入文字

步骤05 在"图层"面板的文字图层上单击鼠标右键，在弹出的快捷菜单中选择"混合选项"命令，在打开的对话框中选中"投影"复选框，设置颜色为深蓝色（R8,G50,B107），并设置其他参数如图5-74所示。

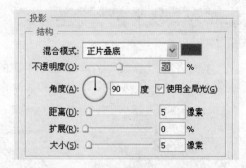

图5-74　设置投影参数

步骤06 单击"确定"按钮，得到文字效果，如图5-75所示。

图5-75 投影效果

图5-78 外发光效果

步骤07 选中"内阴影"复选框，设置颜色为亮蓝色（R0,G240,B255），设置混合模式为线性光，并设置其他参数，如图5-76所示。

步骤08 单击"确定"按钮，得到文字效果，如图5-77所示。

步骤10 选中"内发光"复选框，设置颜色为亮蓝色（R0,G240,B255），设置混合模式为滤色，并设置其他参数，如图5-79所示。

步骤11 选中"斜面和浮雕"复选框，并设置"结构"栏中的样式为"内斜面"，方法为"平滑"，深度为531%，方向为"上"，大小为13，软化为0，再调整光泽等高线曲线，如图5-80所示。

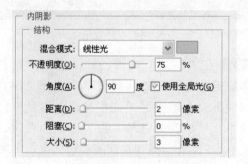

图5-76 设置内阴影参数

图5-79 设置内发光参数

图5-77 内阴影效果

步骤09 选中"外发光"复选框，设置颜色为浅蓝色（R123,G227,B251），设置混合模式为滤色，并设置其他参数，如图5-78所示。

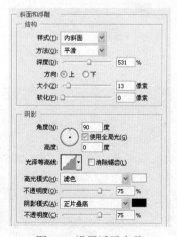

图5-80 设置浮雕参数

步骤12 选中"渐变叠加"复选框，单击其面板上的"渐变"按钮 ，打开对话框，并设置颜色从深蓝色（R2,G118,B146）到浅蓝色（R38,G236,B255），其他参数设置如图5-81所示。

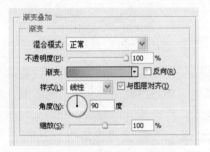

图5-81 设置渐变叠加参数

步骤13 选中"描边"复选框，设置颜色为黑色，并设置"结构"栏中的大小为1像素，位置为外部，混合模式为正常，不透明度为20%；设置其填充类型为颜色，颜色为黑色（如图5-82所示），单击"确定"按钮，效果如图5-83所示。

图5-82 设置参数

图5-83 文字效果

步骤14 新建一个图层，选择画笔工具 ，设置前景色为白色，在窗口中绘制大小不同的白色点。

步骤15 选择橡皮擦工具 ，在其工具属性栏中选择柔角画笔，并设置不透明度为30%，将白色的点进行局部擦除，制作出水泡效果，如图5-84所示。

图5-84 水泡效果

步骤16 在"图层"面板的该图层上单击鼠标右键，在弹出的快捷菜单中选择"混合选项"命令，打开"图层样式"对话框，选中"描边"复选框，设置颜色为白色，大小为3像素，得到水泡的描边效果，如图5-85所示。

图5-85 最终效果

实例077 金属质感文字

本例将制作金属质感文字，通过本实例的学习，读者可以掌握"样式"面板和图层混合模式的具体设置方法，其操作流程如图5-86所示。

输入文字 　　　　　　　 添加图层样式效果 　　　　　　　 最终效果

图5-86 操作流程图

 技法解析

本实例学习金属质感文字的制作方法，首先输入文字，为文字添加图层样式，然后使用"样式"面板快速制作出文字的质感效果。

实例路径	实例\第5章\金属质感文字.psd
素材路径	素材\第5章\火焰.jpg

步骤01 打开"火焰.jpg"素材图像，使用横排文字工具在图像中输入文字，颜色为白色，如图5-87所示。

图5-87 输入文字

步骤02 在"图层"面板中设置文字图层的"填充"为17%，如图5-88所示。

图5-88 设置填充参数

步骤03 选择"图层"|"图层样式"|"内发光"命令，打开"图层样式"对话框，设置内发光颜色为白色，其他参数设置如图5-89所示。

步骤04 选中"描边"复选框，设置描边颜色为白色，大小为3，如图5-90所示。

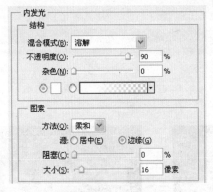

图5-89 设置内发光参数

图5-90 设置描边参数

步骤05 单击"确定"按钮,得到的文字效果如图5-91所示。

图5-91 文字效果

步骤06 按下【Ctrl+J】组合键复制文本图层,然后选择"窗口"|"样式"命令,打开"样式"面板,单击面板右上方的下拉按钮▼≡,在弹出的下拉菜单中选择"Web样式"选项,然后选择面板中的"水银"样式,如图5-92所示。

图5-92 选择"水银"样式

步骤07 选择好样式后,得到水银文字效果,如图5-93所示。

图5-93 水银文字效果

步骤08 在"图层"面板中设置图层混合模式为"叠加",最终效果如图5-94所示。

图5-94 最终效果

实例078 质感条纹字

本例将制作质感条纹字，通过本实例的学习，读者可以掌握"定义图案"命令的具体使用技巧，其操作流程如图5-95所示。

制作条纹　　　　　　　　　　　　输入文字　　　　　　　　　　　　最终效果

图5-95 操作流程图

本实例学习质感条纹字的制作方法，首先制作出条纹图像，然后定义图案，最后通过"图层样式"中的"图案叠加"功能，将条纹添加到文字中。

实例路径	实例\第5章\质感条纹字.psd
素材路径	素材\第5章\心形背景.jpg

步骤01 选择"文件"|"新建"命令，打开"新建"对话框，设置画布大小为100×100像素，分辨率为72，如图5-96所示。

图5-96 "新建"对话框

技巧提示

如果是对已存在的文件进行再编辑，当需要再次存储时，只需按【Ctrl+S】组合键即可。

步骤02 选择矩形选框工具▢，在图像中绘制两个矩形选区，填充为紫色（R203,G50,B158），如图5-97所示。

图5-97 绘制条纹

步骤03 选择"滤镜"|"扭曲"|"挤压"命令，打开"挤压"对话框，设置挤压参数为78%，效果如图5-98所示。

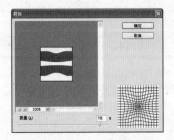

图5-98 "挤压"对话框

步骤 04 选择"编辑"|"定义图案"命令，在打开的对话框中单击"确定"按钮，如图5-99所示。

图5-99 定义图案

步骤 05 打开"心形背景.jpg"素材图像，使用横排文字工具输入文字，如图5-100所示。

图5-100 输入文字

步骤 06 选择"图层"|"图层样式"|"图案叠加"命令，打开"图层样式"对话框，在"图案"下拉列表框中选择刚刚定义的图案，如图5-101所示。

图5-101 选择图案

步骤 07 选择"斜面和浮雕"复选框，设置各项参数，如图5-102所示。

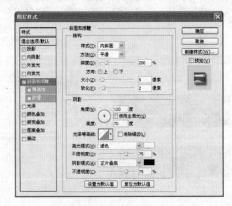

图5-102 设置浮雕参数

步骤 08 选择"投影"复选框，设置投影颜色为黑色，其余参数设置如图5-103所示。

图5-103 设置投影参数

步骤 09 单击"确定"按钮，得到条纹字效果，如图5-104所示。

图5-104 条纹字效果

步骤 10 按下【Ctrl+T】组合键，适当旋转文字，完成实例的制作，效果如图5-105所示。

图5-105 最终效果

实例079 喷泉文字

本例将制作喷泉文字，通过本实例的学习，读者可以掌握"栅格化文字"、"极坐标"以及"色相/饱和度"等命令的具体使用方法，其操作流程如图5-106所示。

输入文字　　　　　　　　　风吹效果　　　　　　　　　最终效果

图5-106 操作流程图

 技法解析

本实例学习喷泉文字的制作方法，首先将文字栅格化，然后为文字应用"风"和"极坐标"滤镜，最后为文字添加颜色。

实例路径	实例\第5章\喷泉文字.psd
素材路径	素材\第5章\无

步骤 01 选择"文件"|"新建"命令，新建一个名为"喷泉文字"的文件，设置尺寸为20×10厘米，分辨率为150，其余设置如图5-107所示。

技巧提示

在存储图像时，系统默认的存储格式为psd。

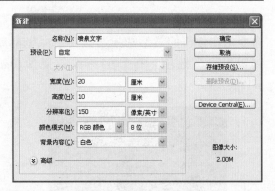

图5-107 "新建"对话框

步骤02 填充前景色为黑色，使用横排文字工具输入文字，如图5-108所示。

图5-108 输入文字

步骤03 在文字图层中单击鼠标右键，在弹出的快捷菜单中选择"栅格化文字"命令。然后选择"滤镜"|"风格化"|"照亮边缘"命令，弹出"照亮边缘"对话框，设置各项参数如图5-109所示，效果如图5-110所示。

图5-109 设置参数

图5-110 滤镜效果

步骤04 选择"滤镜"|"扭曲"|"极坐标"命令，在弹出的对话框中选择"平面坐标到极坐标"选项，得到的图像效果如图5-111所示。

图5-111 极坐标效果

步骤05 按下【Ctrl＋T】组合键，右击自由变换框，在弹出的快捷菜单中选择"90度（顺时针）"命令，再选择"滤镜"|"风格化"|"风"命令，设置方向为从左（如图5-112所示），重复应用"风"滤镜三次，再将画布旋转回来，效果如图5-113所示。

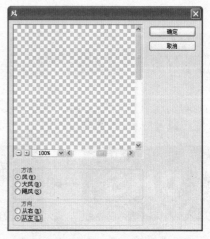

图5-112 "风"滤镜

图5-113 风吹效果

步骤06 再一次进行坐标变换，选择"滤镜"|"扭曲"|"极坐标"命令，选择"极坐标到平面坐标"选项，效果如图5-114所示。

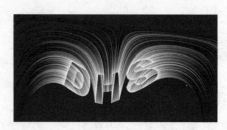

图5-114 极坐标后的文字效果

步骤07 选择"图像"|"新建调整图层"|"色相/饱和度"命令，打开"色相/饱和度"对话框，选中"着色"复选框，然后参照如图5-115所示设置其他参数。

步骤08 单击"确定"按钮，得到文字的着色效果，如图5-116所示。

图5-116 最终效果

图5-115 调整色相和饱和度

实例080 置换文字

本例将制作置换文字效果，通过本实例的学习，读者可以掌握"点状化"滤镜和"置换"滤镜的具体操作方法，其操作流程如图5-117所示。

输入文字　　　　　　　制作点状化图像　　　　　　最终效果

图5-117 操作流程图

 技法解析

本实例学习置换文字的制作方法，这种方法不仅适用于制作文字效果，还可以用来制作图像效果，并且对不同的图像使用可以得到不同的置换效果。

实例路径	实例\第5章\置换文字.psd
素材路径	素材\第5章\无

步骤01 新建一个图像文件，设置前景色为黑色，按下【Alt＋Delete】组合键填充背景为黑色，然后在输入文字"PEAG"，颜色为红色，如图5-118所示。

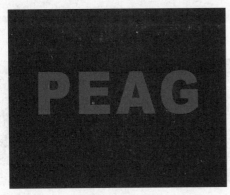

图5-118 输入文字

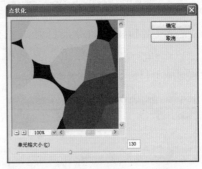

图5-120 设置"点状化"参数

　　图像有大有小，当打开一个较大的图像文件时，也许会花费更多的等待时间，这主要与电脑性能有关。

步骤02 再新建一个文件，选择渐变工具，在工具属性栏中单击渐变条，在弹出的"渐变编辑器"对话框中选择彩虹渐变，在编辑区做线性渐变填充，效果如图5-119所示。

图5-121 图像效果

步骤04 选择"滤镜"|"画笔描边"|"强化的边缘"命令，打开"强化的边缘"对话框，在对话框中设置参数，得到的图像效果如图5-122所示。

图5-119 渐变填充

步骤03 选择"滤镜"|"像素化"|"点状化"命令，在打开的"点状化"对话框中设置参数如图5-120所示，得到的图像效果如图5-121所示。

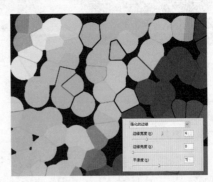

图5-122 强化边缘

步骤05 将制作好的图像保存为PSD格式，然后回到文字文件中，选择文字图层，单击鼠标右键，在弹出的快捷菜单中选择"栅格化文字"命令，将文字图层转换为普通图层。

步骤06 选择"滤镜"|"扭曲"|"置换"命令，在"置换"对话框中设置水平和垂直比例都为10，如图5-123所示。

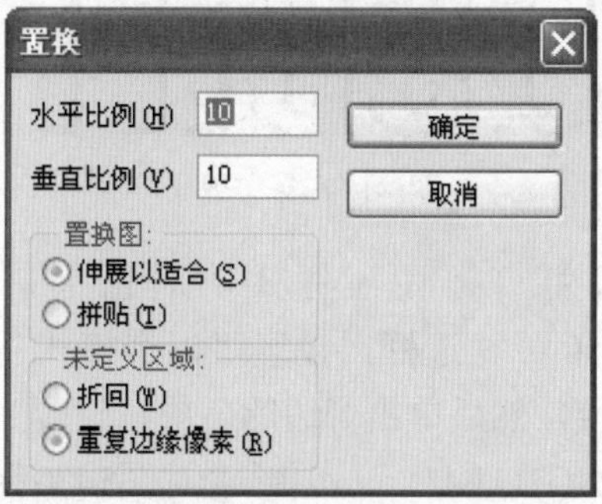

步骤07 单击"确定"按钮，在弹出的对话框中选择刚刚保存的图像文件，单击"打开"按钮得到最终效果，如图5-124所示。

图5-123 设置置换参数

图5-124 最终效果

实例081 金属文字

本例将制作金属文字，通过本实例的学习，读者可以掌握"图层样式"对话框中"等高线"曲线的编辑技巧，其操作流程如图5-125所示。

浮雕文字效果 → 金属板文字效果 → 最终效果

图5-125 操作流程图

 技法解析

本实例学习金属文字的制作方法，文字最终效果干净、时尚，读者可以结合图像制作广告效果。

实例路径	实例\第5章\金属文字.psd
素材路径	素材\第5章\无

步骤01 新建一个图像文件，选择横排文字工具输入文字"GSOHT"，在工具属性栏中设置字体为Impact，文字颜色为土黄色（R200,G166,B64），效果如图5-126所示。

图5-126 输入文字

步骤02 选择"图层"|"图层样式"|"斜面与浮雕"命令，打开"图层样式"对话框，设置"样式"为内斜面、"方法"为雕刻清晰，再设置其他参数，如图5-127所示。

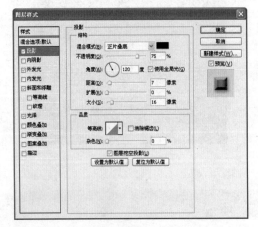

图5-127 输入文字

步骤03 单击对话框下方"等高线"右侧的图案方框，将打开"等高线编辑器"对话框，参照如图5-30所示的样式设置，如图5-128所示。

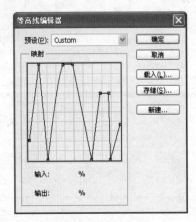

图5-128 编辑曲线

技巧提示

用户可以在光泽等高线中选择系统自带的曲线样式，也可以自行编辑。

步骤04 单击"确定"按钮，得到添加图层样式的文字效果，如图5-129所示。

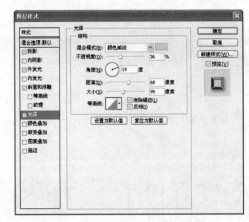

图5-129 文字效果

步骤05 打开"图层样式"对话框，选中"光泽"复选框，设置"混合模式"为颜色减淡，然后单击旁边的色块，设置为黄色（R228,G213,B47），其余参数如图5-130所示。

图5-130 设置光泽参数

步骤06 在"光泽"中同样需要编辑等高线，双击开启"等高线编辑器"对话框，将等高线编辑成如图5-131所示的样式。

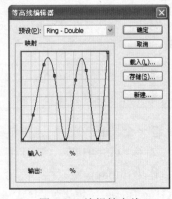

图5-131 编辑等高线

步骤07 选中"描边"复选框，设置描边大小为12，单击"颜色"旁边的色块，设置为橘黄色（R255,G198,B0）。

步骤08 选中"投影"复选框，在对话框中设置距离为7、大小为16，其余参数设置如图5-132所示，得到文字投影效果，如图5-133所示。

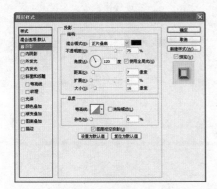

图5-132 设置投影参数

图5-133 投影效果

步骤09 选中"外发光"复选框，在对话框中设置外发光为橘黄色（R252,G198,B54），其余参数设置如图5-134所示，文字效果如图5-135所示。

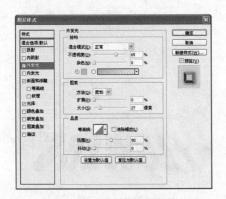

图5-134 设置外发光参数

图5-135 外发光效果

步骤10 完成金属文字的制作后，单击背景图层，选取渐变工具，对其做从蓝色到白色的线性渐变填充，效果如图5-136所示

图5-136 填充背景

步骤11 选择"滤镜"|"扭曲"|"玻璃"命令，在打开的对话框中设置"纹理"为小镜头，如图5-137所示。

步骤12 单击"确定"按钮，得到玻璃滤镜效果（如图5-138所示），完成本实例的制作。

图5-137 设置玻璃参数

图5-138 最终效果

实例082 紫色立体文字

本例将制作紫色立体文字，通过本实例的学习，读者可以掌握文字的透视变换和"渐变叠加"图层样式的具体操作方法，其操作流程如图5-139所示。

文字透视效果　　　　　　　复制文字图层　　　　　　　最终效果

图5-139 操作流程图

 技法解析

本实例学习紫色立体文字的制作方法，首先使用"透视"命令对文字做变形操作，然后复制多个图层，并制作出立体效果，最后分别为图层应用不同的图层样式，得到最终效果。

实例路径	实例\第5章\紫色立体文字.psd
素材路径	素材\第5章\梦幻背景.jpg

步骤01 打开"梦幻背景.jpg"素材图像，使用横排文字工具在图像中输入文字，颜色为黑色，如图5-140所示。

对其进行调整，得到透视效果，如图5-142所示。

图5-140 输入文字

图5-141 转换文字图层

步骤02 选择"图层"|"栅格化"|"文字"命令，将文字图层转换为普通图层，如图5-141所示。

步骤03 选择"编辑"|"变换"|"透视"命令，文字四周将出现变换框，拖动控制板

图5-142 透视变换文字

步骤 04 多次按下【Ctrl+Alt+↑】组合键，复制多个图层，这里复制了26个图层，如图5-143所示。

步骤 05 按住【Ctrl】选择除顶层和底层以外的文字图层，按下【Ctrl+E】组合键将其合并，如图5-144所示。

图5-143 复制图层　　　图5-144 合并图层

步骤 06 得到的文字效果如图5-145所示。

图5-145 文字效果

步骤 07 选择"FLOWERS"图层，选择"图层"|"图层样式"|"投影"命令，打开"图层样式"对话框，设置投影颜色为黑色，其余参数如图5-146所示。

图5-146 设置投影参数

步骤 08 选择"FLOWERS副本25"图层，选择"图层"|"图层样式"|"渐变叠加"命令，在打开的对话框中设置渐变颜色从灰色到白色，如图5-147所示。

图5-147 设置渐变叠加参数

步骤 09 单击"确定"按钮后，得到图像的立体效果如图5-148所示。

图5-148 立体效果

步骤 10 选择"FLOWERS副本26"图层，选择"图层"|"图层样式"|"渐变叠加"命令，打开对话框后，单击渐变色条，打开"渐变编辑器"对话框，设置颜色从暗紫色（R111,G13,B94）紫色（R136,G23,B116）到粉紫色（R188,G86,B197）到淡紫色（R228,G206,B255），如图5-149所示。

图5-149 设置渐变颜色

步骤11 再设置渐变叠加各项参数如图5-150 所示。

图5-150 设置渐弯叠加参数

步骤12 单击"确定"按钮，得到文字的最终 效果，如图5-151所示。

图5-151 最终效果

技巧提示

所谓渐变效果，就是具有两种或两种以上过渡颜色的混合色。

实例083 纹理水晶字

本例将制作纹理水晶文字，通过本实例的学习，读者可以掌握多种滤镜的使用技巧，其操作流程如图5-152所示。

制作背景图像　　　　　　　　设置滤镜参数　　　　　　　　最终效果

图5-152 操作流程图

技法解析

本实例学习纹理水晶字的制作方法，首先使用"云彩"、"绘画涂抹"和"光照效果"等滤镜制作出背景效果，然后输入文字，添加图层样式，得到最终效果。

实例路径	实例\第5章\纹理水晶字.psd
素材路径	素材\第5章\无

步骤01 新建图像文件，设置前景色为淡绿色（R171,G212,B110），背景色为绿色（R74,G163,B80），选择"滤镜"|"渲染"|"云彩"命令，得到如图5-153所示的效果。

图5-153 图像效果

步骤02 选择"滤镜"|"艺术效果"|"绘画涂抹"命令，打开"绘画涂抹"对话框，设置参数为8、7，再选择画笔类型为"未处理深色"，如图5-154所示。

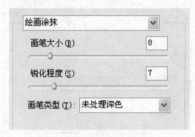

图5-154 设置绘画涂抹参数

步骤03 单击"确定"按钮，得到图像效果，如图5-155所示。

图5-155 图像效果

步骤04 选择"滤镜"|"扭曲"|"海洋波纹"命令，在打开的对话框中设置参数为15、14，如图5-156所示。

图5-156 设置海洋波纹参数

步骤05 选择"滤镜"|"渲染"|"光照效果"命令，打开"光照效果"对话框，设置参数如图5-157所示。

步骤06 单击"确定"按钮，得到图像的光照效果，如图5-158所示。

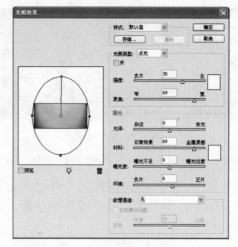

图5-157 设置光照参数

图5-158 光照效果

步骤07 选择"滤镜"|"杂色"|"添加杂色"命令，打开"添加杂色"对话框，设置数量为17，如图5-159所示。

图5-159 设置杂色参数

步骤08 选择横排文字工具在图像中输入文字，颜色为绿色（R1394,G244,B129），如图5-160所示。

图5-160 输入文字

步骤09 选择"图层"|"图层样式"|"投影"命令，打开"图层样式"对话框，设置投影颜色为黑色，再设置其他参数，如图5-161所示。

图5-161 设置投影参数

步骤10 选中"斜面和浮雕"复选框，设置样式为"内斜面"，再设置"高光模式"为白色，"阴影模式"为绿色（R16,G81,B11）如图5-162所示。

步骤11 在"斜面和浮雕"参数设置框下方单击"光泽等高线"图标，在打开的对话框中编辑等高线，如图5-163所示。

图5-162 设置浮雕参数

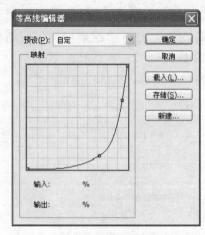

图5-163 编辑等高线

步骤12 选中"等高线"复选框，单击等高线图标，在打开的对话框中编辑曲线，如图5-164所示。

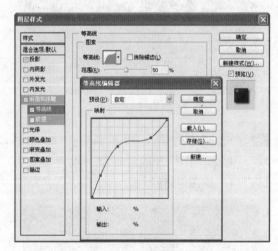

图5-164 设置等高线

步骤13 单击"确定"按钮，回到图像中，得到文字效果，如图5-165所示。

图5-165 文字效果

步骤14 新建图层1，按住【Ctrl】单击文字图层，载入文字选区，填充为淡黄色（R200,G225,B157），如图5-166所示。

图5-166 填充颜色

步骤15 选择"滤镜"|"渲染"|"纤维"命令，设置参数为64、9，如图5-167所示。

图5-167 设置纤维参数

步骤16 选择"滤镜"|"画笔描边"|"成角的线条"命令，在打开的对话框中设置参数为100、15、3，图像效果如图5-168所示。

图5-168 设置描边参数

步骤17 设置图层1的图层混合模式为"叠加"，得到的文字效果如图5-169所示，完成本实例的制作。

图5-169 最终效果

技巧提示

在制作文字效果时，一定要选择一个合适的字体样式，这样制作出来的效果才能更加漂亮。

实例084 木地板效果

本例将制作木地板纹理效果，通过本实例的学习，读者可以掌握使用渐变工具添加图样的方法，以及制作扭曲图像的操作技巧，其操作流程如图5-170所示。

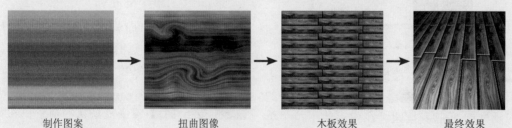

制作图案　　　　扭曲图像　　　　木板效果　　　　最终效果

图5-170 操作流程图

技法解析

　　本实例学习木地板的制作方法，首先使用渐变工具和纤维滤镜制作出图像背景，然后为图像添加颜色，制作出扭曲的立体效果，得到木地板图像。

实例路径	实例\第5章\木地板效果.psd
素材路径	素材\第5章\无

步骤01 新建一个图像文件，新建图层1，设置前景色为浅棕色（R164,G103, B59），背景色为深棕色（R122,G66,B23），选择"滤镜"|"渲染"|"云彩"命令，效果如图5-171所示。

图5-171 云彩效果

步骤02 选择"图像"|"调整"|"亮度/对比度"命令，设置对比度为100，单击"确定"按钮，如图5-172所示。

图5-172 调整亮度和对比度

步骤03 新建图层2，选择渐变工具，单击工具属性栏上的按钮，在打开的对话框中单击按钮，在弹出的下拉菜单中选择"杂色样本"命令，弹出"渐变编辑器"对话框，单击"追加"按钮。

步骤04 选择预设栏中的"绿色"图案，在窗口内垂直拖动，为图层2中填充渐变色，如图5-173所示。

图5-173 制作图案

步骤05 按下【Ctrl+Shift+U】组合键，将图像去色，选择"图像"|"调整"|"自动色阶"命令，如图5-174所示。

图5-174 去色效果

步骤06 按下【Ctrl+J】组合键，复制图层2为图层2 副本，选择"图像"|"图像旋转"|"旋转画布-90度（顺时针）"命令，效果如图5-175所示。

步骤07 按下【D】键恢复默认的前景色和背景色。选择"滤镜"|"渲染"|"纤维"命令，设置参数16、4，如图5-176所示。

图5-175 旋转效果

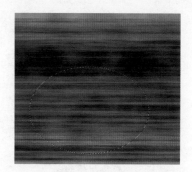

图5-178 绘制选区

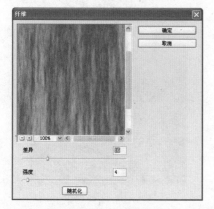

图5-176 设置纤维参数

步骤08 选择"图像"|"图像旋转"|"旋转画布-90度（逆时针）"命令将图像旋转，再选择"滤镜"|"模糊"|"动感模糊"命令，打开对话框，设置角度为0°，距离为88像素，然后设置图层2的图层混合模式为"叠加"，得到的图像效果如图5-177所示。

图5-177 图像效果

步骤09 选择椭圆选框工具 ⃝，在窗口中绘制椭圆选区，如图5-178所示。

步骤10 选择"滤镜"|"扭曲"|"旋转扭曲"命令，打开"旋转扭曲"对话框，设置角度为136°（如图5-179所示），单击"确定"按钮，效果如图5-180所示。

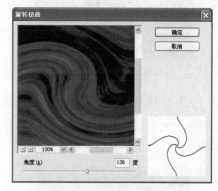

图5-179 设置旋转扭曲参数

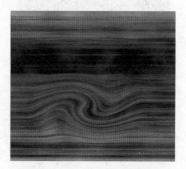

图5-180 旋转扭曲效果

步骤11 再绘制一个较小的椭圆选区。按下【Ctrl+F】组合键重复上一次滤镜操作，取消选区后，效果如图5-181所示。

步骤12 在窗口左上角位置绘制椭圆选区，如图5-182所示。

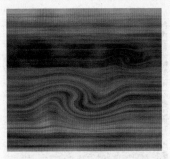

图5-181 再次扭曲图像

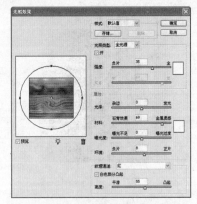

图5-184 设置光照效果参数

图5-182 绘制椭圆形选区

步骤 13 再次对其应用"旋转扭曲"滤镜，设置角度为-196°，得到的图像效果如图5-183所示。

图5-185 图像效果

步骤 16 选择矩形选框工具，绘制选区，如图5-186所示。

图5-183 图像效果

步骤 14 选择"滤镜"|"渲染"|"光照效果"命令，打开"光照效果"对话框，设置光照类型为全光源，纹理通道为红，高度为55，如图5-184所示。

步骤 15 选择"图像"|"调整"|"色相/饱和度"命令，打开对话框，选中"着色"复选框。设置参数为22、36和2，单击"确定"按钮后得到的图像效果如图5-185所示。

图5-186 绘制选区

步骤 17 选择移动工具，拖移选区中的内容到新建的文件中，并按下【Ctrl+T】组合键调整大小，再双击图层2后面的空白处，打开"图层样式"对话框，选中"斜面与浮雕"复选框，设置样式为枕状浮雕，深度为350%，大小为18像素，得到的图像效果如图5-187所示。

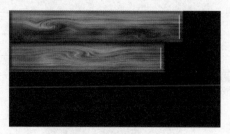

图5-187 斜面浮雕效果

步骤18 分别选择图层1和图层2，选择工具箱中的移动工具 ►ᵻ，按住【Alt】键不放，将其移动复制，直到铺满窗口，效果如图5-188所示。

图5-188 复制图像

步骤19 选择所有的地板浮雕图层，按下【Ctrl+E】组合键将其合并为一个图层，再按下【Ctrl+T】组合键打开自由变换调节框，单击鼠标右键，在弹出的快捷菜单中选择"扭曲"命令。分别调节节点形成透视效果，完成制作，最终效果如图5-189所示。

图5-189 最终效果

🔒 **技巧提示**

不同的光照效果产生的结果是惊人的，在使用时，用户还可以使用灰度文件的纹理使图像产生类似于3D的效果，但光照效果仅仅对位图有效。

实例085 豹纹特效

本例将制作豹纹特效，通过本实例的学习，读者可以掌握"光照效果"滤镜，的设置技巧以及加深和减淡工具的操作方法，其操作流程如图5-190所示。

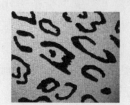 → 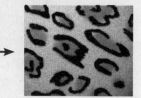 →

绘制纹理　　　　　　　绘制细毛　　　　　　　　　最终效果

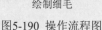

图5-190 操作流程图

⚙ **技法解析**

本实例学习豹纹的制作方法，首先通过"便条纸"、"动感模糊"等滤镜得到背景图像效果，然后使用画笔工具绘制出豹纹图像，最后再调整图像亮度即可。

实例路径	实例\第5章\豹纹特效.psd
素材路径	素材\第5章\无

步骤01 新建图像文件，新建图层1，填充为棕色（R161,G126,B103），如图5-191所示。

图5-191 新建文件

步骤02 设置背景色为白色，选择"滤镜"|"素描"|"便条纸"命令，打开对话框，设置参数为25、11、12，如图5-192所示。

图5-192 设置便条纸参数

步骤03 选择"滤镜"|"杂色"|"添加杂色"命令，打开对话框，设置数量为15%，分布为高斯分布，选中"单色"复选框，单击"确定"按钮。

步骤04 再选择"滤镜"|"渲染"|"光照效果"命令，打开"光照效果"对话框，设置各项参数如图5-193所示。

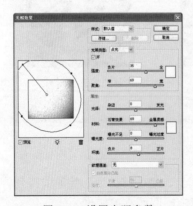

图5-193 设置光照参数

步骤05 单击"确定"按钮，得到的图像效果如图5-194所示。

图5-194 图像效果

步骤06 选择"滤镜"|"模糊"|"动感模糊"命令，打开对话框，设置角度为-35度，距离为7像素，如图5-195所示。

图5-195 设置模糊参数

步骤07 新建图层2，选择画笔工具，在工具属性栏中设置"画笔"尖角为20像素。单击"画笔"按钮，打开"画笔"面板，选中"形状动态"复选框，设置大小抖动为50%，控制为渐隐40。设置前景色为黑色，在窗口中绘制不规则纹理，效果如图5-196所示。

步骤08 新建图层3，选择画笔工具，在工具属性栏中设置画笔为柔角65，不透明度为80%，设置前景色为橙色（R217,G143,B49），在黑色纹理内部位置涂抹，如图5-197所示。

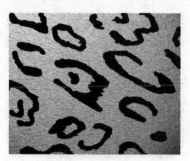

图5-196 绘制纹理

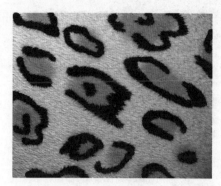

图5-199 绘制细毛

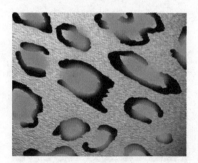

图5-197 涂抹图像

步骤09 设置图层3的图层混合模式为正片叠底；新建图层4，按下【Ctrl+Alt+Shift+E】组合键盖印可见图层，如图5-198所示。

图5-200 云彩效果

步骤12 分别为图像应用"添加杂色"和"光照效果"命令，效果如图5-201所示。

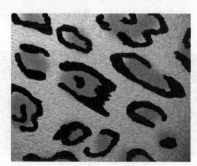

图5-198 图像效果

步骤10 选择涂抹工具，设置工具属性栏上的画笔为尖角2像素，强度为70%，在窗口中所有的黑色纹理边缘处，由内向外涂抹绘制细毛，如图5-199所示。

步骤11 新建图层5，按下【D】键恢复默认前景色和背景色，选择"滤镜"|"渲染"|"云彩"命令，选择"图像"|"调整"|"自动色阶"命令，如图5-200所示。

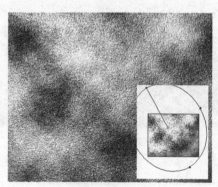

图5-201 光照效果

步骤13 选择"滤镜"|"模糊"|"动感模糊"命令，打开对话框，设置角度为-35度，距离为12设置图层5的图层混合模式为"柔光"。选择图层5和图层4，按下【Ctrl+E】组合键将其合并为图层4，如图5-202所示。

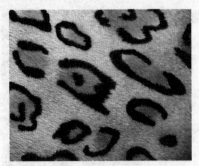

图5-202 图像效果

图5-203 减淡和加深图像

步骤14 选择减淡工具在图像中部及左上角涂抹，局部减淡图像，再选择加深工具，在窗口中部及右下角部位涂抹，局部加深图像，如图5-203所示。

步骤15 选择"图像"|"调整"|"亮度/对比度"命令，打开"亮度/对比度"对话框，设置亮度为40，单击"确定"按钮，至此完成整个操作，最终效果如图5-204所示。

图5-204 完成效果

实例086 西瓜皮纹理

本例将制作西瓜皮纹理，通过本实例的学习，读者可以掌握各种滤镜参数的设置技巧，以及画笔工具的应用方法，其操作流程如图5-205所示。

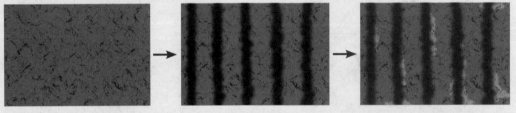

制作背景图像　　　　模糊条纹图像　　　　最终效果

图5-205 操作流程图

技法解析

本实例学习西瓜皮纹理的制作方法，首先通过"云彩"、"查找边缘"和"网状"等滤镜制作出背景图像效果，然后使用画笔工具绘制出西瓜条纹图像，最后加以调整即可。

实例路径	实例\第5章\西瓜皮纹理.psd
素材路径	素材\第5章\无

步骤 01 新建一个图像文件，填充背景为墨绿色（R23,G83,B6），如图5-206所示。

图5-206 填充背景

步骤 02 新建图层1，按下【D】键恢复默认前景色和背景色，选择"滤镜"|"渲染"|"云彩"命令，如图5-207所示。

图5-207 云彩效果

步骤 03 选择"滤镜"|"风格化"|"查找边缘"命令，得到的图像效果如图5-208所示。

图5-208 查找边缘效果

步骤 04 选择"滤镜"|"素描"|"网状"命令，打开对话框，设置参数为50、1、1，如图5-209所示。

步骤 05 设置图层1的图层混合模式为"正片叠底"，图像效果如图5-210所示。

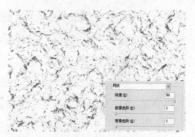

图5-209 网状滤镜效果

图5-210 图像效果

步骤 06 新建图层2，选择画笔工具，设置工具属性栏上的画笔为"粉笔23"，主直径为40，按住【Shift】键在窗口中自上向下拖移，绘制黑色垂直线条，如图5-211所示。

图5-211 绘制直线

步骤 07 按下【]】键调增大笔的主直径，沿垂直线条在窗口中涂抹，如图5-212所示。

图5-212 涂抹效果

步骤 08 选择"滤镜"|"模糊"|"高斯模糊"命令，打开"高斯模糊"对话框，设置半径为18像素，完成后再选择"滤镜"|"扭曲"|"波纹"命令，设置数量为620%，大小为小，单击"确定"按钮，效果如图5-213所示。

图5-213 波纹效果

步骤 09 选择"图像"|"调整"|"色相/饱和度"命令，打开对话框，设置参数为145、60和10，单击"确定"按钮，图像效果如图5-214所示。

图5-214 调整色调效果

步骤 10 按下【Ctrl+J】组合键复制出图层2副本，设置图层混合模式为"颜色加深"，不透明度为45%，效果如图5-215所示。

图5-215 图像效果

步骤 11 新建图层3，设置前景色为白色。选择画笔工具，按下【[】键缩小画笔的主直径，在窗口中绘制不规则白色线条，如图5-216所示。

图5-216 绘制白色线条

步骤 12 设置图层3的图层混合模式为"强光"，不透明度为35%。

步骤 13 按下【Ctrl+F】组合键两次，重复两次上一次滤镜操作，即"滤镜"|"扭曲"|"波纹"命令，从而完成整个操作，最终效果如图5-217所示。

图5-217 最终效果

📷 技巧提示

　　有些滤镜在重复多次相同的操作后，效果会更加明显。

实例087 羽毛特效

本例将制作羽毛纹理，通过本实例的学习，读者可以掌握钢笔工具的具体运用，以及画笔工具的绘制技巧，其操作流程如图5-218所示。

制作路径　　　　　　　　绘制羽毛基本造型　　　　　　　　最终效果

图5-218 操作流程图

 技法解析

本实例学习羽毛特效的绘制方法，首先通过钢笔工具绘制出羽毛基本外形，然后再通过画笔工具、涂抹工具等制作出羽毛的特殊质感效果。

实例路径	实例\第5章\羽毛特效.psd
素材路径	素材\第5章\无

步骤01 新建一个图像文件，填充背景为黑色，再新建图层1，选择钢笔工具在图像中绘制路径，如图5-219所示。

图5-219 图像效果

步骤02 按下【Ctrl+Enter】组合键，将路径转换为选区，使用渐变工具为选区应用从白色到黑色的对称渐变填充，如图5-220所示。

步骤03 新建图层2，按下【Ctrl+T】组合键适当调整图像大小，再选择钢笔工具，在窗口中绘制羽毛形状的路径，如图5-221所示。

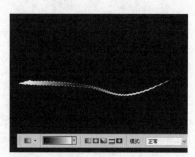

图5-220 填充选区

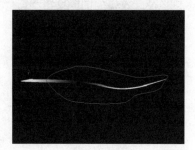

图5-221 绘制路径

步骤 04 按下【Ctrl+Enter】组合键将路径转换为选区，然后选择"选择"|"修改"|"羽化"命令，打开"羽化半径"对话框，设置羽化半径为2，填充选区为黄色（R222,G255,B39），效果如图5-222所示。

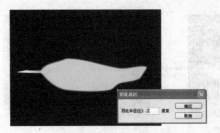

图5-222 填充羽化选区

步骤 05 在"图层"面板中拖动图层2到图层1下面。按下【D】键默认前景色和背景色。新建文件，选择画笔工具，在工具属性栏上设置画笔为尖角1，在窗口中单击，绘制若干黑点，如图5-223所示。

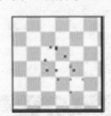

图5-223 绘制黑点

步骤 06 选择"编辑"|"定义画笔预设"命令，在打开的对话框中单击"确定"按钮，此时工具属性栏上的画笔自动变成该画笔形状。选择"羽毛特效"文件，使之处于当前层，选择钢笔工具，在窗口中的羽毛位置处绘制路径，效果如图5-224所示。

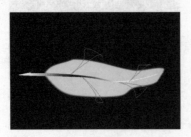

图5-224 绘制路径

步骤 07 按下【Ctrl+Enter】组合键将路径转换为选区，再删除选区内容，如图5-225所示。

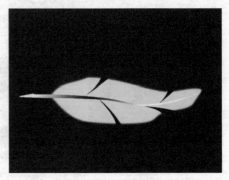

图5-225 删除图像

步骤 08 选择涂抹工具，设置工具属性栏上的画笔为羽毛小笔刷，强度为80，然后沿羽毛的走向由内向外涂抹，如图5-226所示。

图5-226 涂抹图像

步骤 09 选择套索工具，在窗口中羽毛根部的绒毛处绘制选区，如图5-227所示。

图5-227 绘制选区

步骤10 按下【Ctrl+J】组合键复制选区内的图形为图层3，将图层3拖动到图层1的上方，如图5-228所示。

图5-228 调整图层顺序效果

步骤11 选择加深工具绘制羽毛内部纹理效果，再使用减淡工具在羽毛根部的绒毛及尾部边缘部位涂抹，完成本实例的制作，最终如图5-229所示。

图5-229 最终效果

实例088 迷彩底纹

本例将制作迷彩底纹纹理，通过本实例的学习，读者可以掌握Photoshop中多种滤镜的操作方法，其操作流程如图5-230所示。

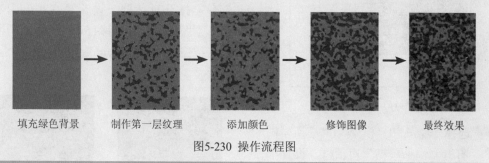

填充绿色背景　　　制作第一层纹理　　　添加颜色　　　修饰图像　　　最终效果

图5-230 操作流程图

技法解析

本实例学习迷彩底纹的制作方法，首先通过"晶格化"滤镜得到图像的纹理效果，然后通过Alphal通道建选区，并为选区填充不同的颜色，最后使用"位移"滤镜，得到迷彩底纹。

实例路径	实例\第5章\迷彩底纹.psd
素材路径	素材\第5章\无

步骤01 新建图像文件，新建图层1，设置前景色为深绿色（R3,G82,B42）。按下【Alt+Delete】组合键将背景填充为前景色，效果如图5-231所示。

步骤02 单击"通道"面板下方的"创建新通道"按钮 ，新建Alpha1通道，选择"滤镜"|"杂色"|"添加杂色"命令，打开"添加杂色"对话框，设置数量为90，分布为高斯分布，效果如图5-232所示。

图5-231 填充背景

图5-232 添加杂色

步骤03 选择"滤镜"|"像素化"|"晶格化"命令，打开"晶格化"对话框，设置单元格大小为30，单击"确定"按钮，如图5-233所示。

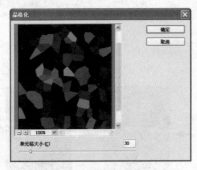
图5-233 设置晶格化参数

步骤04 选择"滤镜"|"模糊"|"高斯模糊"命令，打开"高斯模糊"对话框，设置半径为5，单击"确定"按钮，如图5-234所示。

图5-234 设置"高斯模糊"参数

步骤05 按下【Ctrl+L】组合键，打开"色阶"对话框，设置输入色阶为106、1.00和116，图像效果如图5-235所示。

步骤06 按住【Ctrl】键单击Alpha1通道，载入该通道选区，新建图层2，填充前景色黑色，再设置图层2的不透明度为45，效果如图5-236所示。

图5-235 图像效果

图5-236 填充选区

步骤07 新建图层3，填充前景色为绿色（R62,G102,B45），如图5-237所示。

步骤08 选择"滤镜"|"其他"|"位移"命令，打开对话框，设置"水平"为右移300，"垂直"为下移150，选中"折回"单选按钮。单击"确定"按钮，如图5-238所示。

图5-237 填充绿色

图5-238 设置位移

步骤09 选择橡皮擦工具，在属性栏中设置画笔为尖角20，不透明度为100%，流量为100%，在有明显拼合边缘的部位涂抹，擦除部分像素使图形的拼合痕迹不那么明显，如图5-239所示。

步骤10 新建图层4，按住【Ctrl】键单击图层2，载入图像选区，填充为暗红色（R94,G34,B34），如图5-240所示。

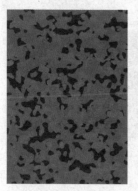

图5-239 填充绿色　　　图5-240 填充红色

图5-242 擦除图像

步骤11 选择"滤镜"|"其他"|"位移"命令，打开对话框，设置水平右移120，垂直下移800，单击"确定"按钮，如图5-241所示。

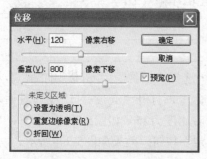

图5-241 设置位移参数

步骤12 选择橡皮擦工具，在窗口中有明显拼合边缘的部位涂抹，擦除部分像素使图形的拼合痕迹不那么明显，如图5-242所示。

步骤13 新建图层5，按住【Ctrl】键单击图层2，载入选区，将其填充为黑色，如图5-243所示。

步骤14 设置图层5的不透明度为40%，观察图像，发现暗红色过于鲜艳，选择图层4，设置其不透明度为78%，完成本实例的制作，最终效果如图5-244所示。

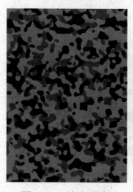

图5-243 填充黑色　　　图5-244 最终效果

技巧提示

在绘制图像过程中，如果没有及时保存文件，那么关闭文件时将会出现一个提示对话框，提醒用户对该文件是否进行保存，或者取消关闭操作。

实例089 粗糙印刷效果

本例将制作粗糙印刷效果，通过本实例的学习，读者可以掌握"彩色半调"滤镜的操作方法，其操作流程如图5-245所示。

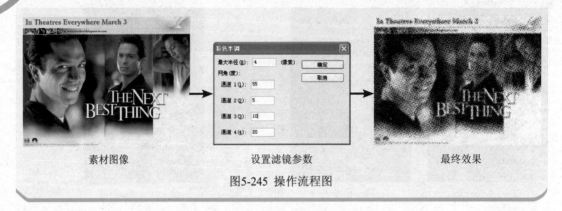

素材图像　　　　　　　　　设置滤镜参数　　　　　　　　最终效果

图5-245 操作流程图

 技法解析

　　本实例制作照片的粗糙印刷效果，首先通过"灰度"、"亮度/对比度"命令调整图像的整体色调，然后使用"彩色半调"滤镜制作出粗糙印刷效果。

	实例路径	实例\第5章\粗糙印刷效果.psd
	素材路径	素材\第5章\人物背景.jpg

步骤01 打开"人物背景.JPG"素材图像，如图5-246所示。

图5-246 素材图像

步骤02 选择"图像"|"模式"|"灰度"命令，将图像转为灰度图像，如图5-247所示。

图5-247 灰度效果

步骤03 选择"图像"|"调整"|"亮度/对比度"命令，打开"亮度/对比度"对话框，设置对比度为25（如图5-248所示），单击"确定"按钮，效果如图5-249所示。

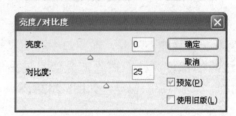

图5-248 调整对比度

图5-249 调整对比度效果

步骤 04 选择"滤镜"|"像素化"|"彩色半调"命令，打开"彩色半调"对话框，设置最大半径为4，通道1-4分别为55、5、10、20（如图5-250所示），单击"确定"按钮，图像最终效果如图5-251所示。

图5-251 最终效果

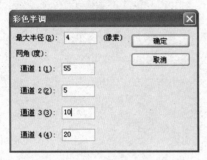

图5-250 设置"彩色半调"参数

演绎不一般的精彩，

图说经典设计理念

PART

第6章

图像艺术设计处理

　　本章将重点介绍图像的艺术设计处理技巧，在 Photoshop CS5中，图像的艺术设计与处理功能能让一张原本普通的图像变得完美，通过为图像做柔和效果、添加边框，以及应用滤镜特效等方式，可以得到一幅幅精彩的画面。

　　通过对本章的学习，可以帮助读者学习到图像艺术设计处理的相关技巧。

效果展示

XIAOGUO ZHANSHI

实例090 素描效果

本例将制作素描效果，通过本实例的学习，读者可以掌握盖印图层的作用和"粗糙蜡笔"滤镜的具体使用方法，其操作流程如图6-1所示。

调整颜色　　　　　去除颜色　　　　　设置图层混合模式　　　　　最终效果

图6-1 操作流程图

 技法解析

本实例所制作的素描效果，首先将图像去色，然后反相图像再改变图层混合模式，再做高斯模糊处理，最后应用"粗糙蜡笔"滤镜，得到素描效果。

实例路径	实例\第6章\素描效果.psd
素材路径	素材\第6章\素描美女.jpg

步骤01 打开"素描美女.jpg"素材图像（如图6-2所示），选择"图像"|"自动颜色"命令，这时图像颜色将自动得到调整，效果如图6-3所示。

步骤02 按下【Ctrl+J】组合键复制背景图层，选择"图像"|"调整"|"去色"命令，为图像去除颜色，如图6-4所示。

步骤03 按下【Ctrl+J】组合键复制图层1，得到图层1副本，如图6-5所示。

图6-2 素材图像

图6-3 调整颜色

图6-4 去色效果

图6-5 复制图层

步骤04 按下【Ctrl+I】组合键将图像反相，然后设置背景副本1的图层混合模式为"颜色减淡"，这时图像将以白色显示，如图6-6所示。

图6-6 调整图层混合模式

步骤05 选择"滤镜"|"模糊"|"高斯模糊"命令，打开"高斯模糊"对话框，设置半径为15，如图6-7所示。

图6-7 设置"高斯模糊"参数

步骤06 单击"确定"按钮，得到的图像效果如图6-8所示。

步骤07 按下【Ctrl+Alt+Shift+E】组合键盖印可见图层，得到图层2，如图6-9所示。

步骤08 选择"滤镜"|"其他"|"高反差保留"命令，设置半径为3，如图6-10所示。

图6-8 图像效果　　图6-9 盖印图层

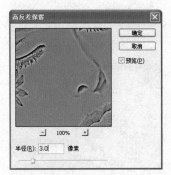

图6-10 设置"高反差保留"参数

步骤09 设置图层2的图层混合模式为"叠加"，图像效果如图6-11所示。

步骤10 按下【Ctrl+Alt+Shift+E】组合键盖印可见图层，得到图层3，如图6-12所示。

图6-11 图像效果　　图6-12 盖印图层

步骤11 选择"滤镜"|"艺术效果"|"粗糙蜡笔"命令，打开"粗糙蜡笔"对话框，设置各选项和参数如图6-13所示。

步骤12 单击"确定"按钮，如图6-14所示。

图6-13 设置滤镜参数　　图6-14 图像效果

步骤13 设置图层3的图层混合模式为"变暗"，不透明度为80%，如图6-15所示。

图6-15 设置图层属性

步骤14 新建图层4，填充为土黄色（R112,G90,B23），设置图层混合模式为"柔光"，不透明度为75%（如图6-16所示），完成本实例的制作，最终效果如图6-17所示。

图6-16 设置图层属性　　图6-17 最终效果

技巧提示

　　使用"粗糙蜡笔"滤镜可以模拟蜡笔在纹理背景上绘图时的效果，从而生成一种类似蜡笔的纹理效果。

实例091 油画效果

　　本例将制作油画效果，通过本实例的学习，读者可以掌握"历史艺术画笔"工具的具体操作，其操作流程如图6-18所示。

打开图像　　　　大面积涂抹图像　　　　细节涂抹　　　　最终效果

图6-18 操作流程图

技法解析

　　本实例学习油画效果的制作方法，主要通过历史艺术画笔工具对图像做涂抹，通过细节的描绘，让图像逐渐显示油画效果。

实例路径	实例\第6章\油画效果.psd
素材路径	素材\第6章\蔬菜.jpg

步骤01 打开"蔬菜.jpg"素材图像（如图6-19所示），下面将这幅普通的图像制作为油画。

图6-19 打开素材图像

步骤02 选择"窗口"|"历史记录"命令，打开"历史记录"面板，单击其底部的"创建新快照"按钮 图 创建快照，如图6-20所示。

图6-20 创建快照

步骤03 选择历史记录艺术画笔工具 ，单击工具属性栏中大小旁边的三角形按钮，在弹出的下拉菜单中选择"喷溅"画笔，再设置样式为"绷紧中"，区域为50px，容差为0%，如图6-21所示。

图6-21 设置画笔样式

步骤04 为了使笔刷效果更自然，单击属性栏中的 按钮，打开"画笔"面板，选中"湿边"、"杂色"复选框，如图6-22所示。

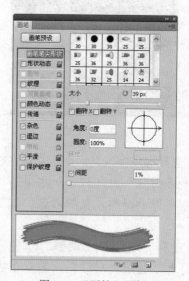

图6-22 "画笔"面板

步骤05 按下【Ctrl＋J】组合键复制图像得到图层1，再按下三次【]】键将画笔扩大，在图像中进行粗略的涂抹，如图6-23所示。

步骤06 大面积涂抹完后，按下【[】键适当缩小画笔，对图像细节部分进行涂抹，如图6-24所示。

图6-23 涂抹图像效果

图6-25 图像效果

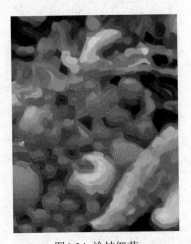

图6-24 涂抹细节

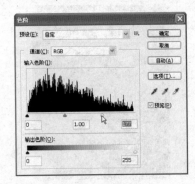

图6-26 调整色阶

步骤09 单击"确定"按钮，得到调整后的图像效果，如图6-27所示。

步骤07 选择橡皮擦工具，在工具属性栏中设置"不透明度"为30％，对水果的轮廓进行擦除，直至得到满意的图像，如图6-25所示。

步骤08 选择"图像"|"调整"|"色阶"命令，打开"色阶"对话框，拖动下方的三角形滑块，调整色阶，如图6-26所示。

图6-27 最终效果

实例092 单色网点效果

本例将制作单色网点效果，通过本实例的学习，读者可以掌握色彩模式转换的具体操作，其操作流程如图6-28所示。

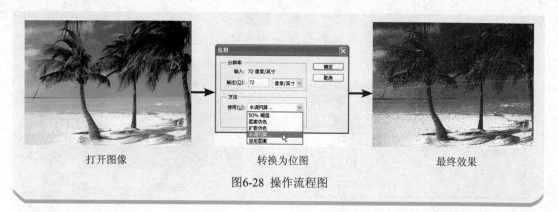

| 打开图像 | 转换为位图 | 最终效果 |

图6-28 操作流程图

 技法解析

本实例学习图像单色网点效果的制作方法，首先将图像模式转换为灰度，然后再转换为位图模式，通过在转换过程中设置相关参数得到单色网点效果。

实例路径	实例\第6章\单色网点效果.psd
素材路径	素材\第6章\椰树.jpg

步骤01 打开"椰树.jpg"素材图像，如图6-29所示。

图6-29 素材图像

步骤02 选择"图像"|"模式"|"灰度"命令，打开"信息"对话框，如图6-30所示。

图6-30 "信息"对话框

步骤03 单击"扔掉"按钮，将图像转为灰度模式，如图6-31所示。

图6-31 灰度图像效果

步骤04 选择"图像"|"模式"|"位图"命令，打开"位图"对话框，在"使用"下拉列表中选择"半调网屏"选项，如图6-32所示。

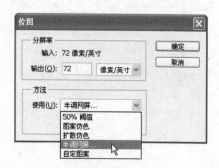

图6-32 选择选项

步骤05 单击"确定"按钮，打开"半调网屏"对话框，在"形状"下拉列表中选择"直线"选项，如图6-33所示。

步骤06 单击"确定"按钮，得到图像中的网点效果，如图6-34所示。

图6-33 设置"半径网屏"参数

图6-34 最终效果

实例093 下雨效果

本例将制作下雨效果，通过本实例的学习，读者可以掌握"点状化"滤镜和"阈值"命令的具体操作，其操作流程如图6-35所示。

打开图像　　　　　　　制作杂点　　　　　　　最终效果

图6-35 操作流程图

 技法解析

本实例学习下雨效果的制作方法，首先降低图像亮度，然后再通过"点状化"滤镜得到颗粒图像，最后设置图层混合模式并做适当的调整，从而得到下雨效果。

	实例路径	实例\第6章\下雨效果.psd
	素材路径	素材\第6章\雨滴.jpg

步骤01 选择"文件"|"打开"命令，打开"雨滴.jpg"素材图像，如图6-36所示。

图6-36 打开素材图像

步骤 02 选择"图像"|"调整"|"亮度/对比度"命令，打开"亮度/对比度"对话框，降低图像的亮度，制造阴霾的雨天效果，参数设置如图6-37所示。

步骤 03 单击"确定"按钮，降低图像亮度，效果如图6-38所示。

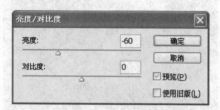

图6-37 设置亮度参数

图6-38 图像效果

步骤 04 按下【Ctrl+J】组合键，复制图层得图层1，如图6-39所示。

图6-39 复制图层

步骤 05 按下【D】键恢复前景色为黑色，背景色为白色。选择"滤镜"|"像素化"|"点状化"命令，打开"点状化"对话框，设置单元格大小为4，如图6-40所示。

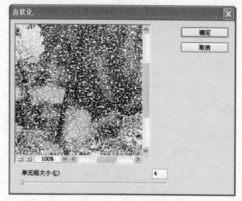

图6-40 设置滤镜参数

步骤 06 单击"确定"按钮，得到颗粒图像效果，如图6-41所示。

图6-41 颗粒图像效果

步骤 07 选择"图像"|"调整"|"阈值"命令，打开"阈值"对话框，设置"阈值色阶"为4，如图6-42所示。

步骤 08 调整好阈值后，单击"确定"按钮，得到黑白相间的颗粒图像效果，如图6-43所示。

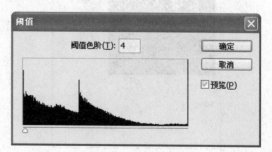

图6-42 "阈值"对话框

图6-43 阈值效果

步骤09 按下【Ctrl+I】组合键将黑白颗粒反相，然后再将"图层混合模式"设置为"滤色"，得到白色颗粒图像，如图6-44所示。

图6-44 颗粒图像效果

步骤10 选择"滤镜"|"模糊"|"动感模糊"命令，在"动感模糊"对话框中设置"角度"为42，"距离"为20，如图6-45所示。

图6-45 设置"动感模糊"参数

步骤11 得到满意的动感模糊效果后，单击"确定"按钮，得到图像下雨效果，如图6-46所示。

图6-46 动感模糊效果

步骤12 选择"图像"|"调整"|"色阶"命令，打开"色阶"对话框，调整三角形滑块，加深图像中的雨点图像，如图6-47所示。

图6-47 调整色阶

步骤13 调整完成后，单击"确定"按钮，雨天效果显得更加明显，如图6-48所示。

图6-48 雨天效果

步骤 14 为了使下雨效果更加自然，选择"滤镜"|"模糊"|"高斯模糊"命令，设置"半径"为0.5，适当模糊下雨图像，最终效果如图6-49所示。

图6-49 最终效果

实例094 烟雾效果

本例将制作烟雾效果，通过本实例的学习，读者可以掌握涂抹工具的具体操作技巧，其操作流程如图6-50所示。

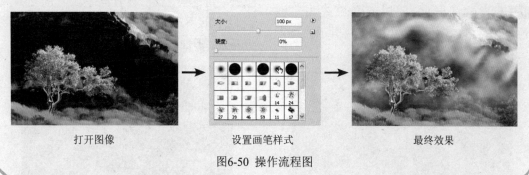

打开图像　　　　　设置画笔样式　　　　　最终效果

图6-50 操作流程图

 技法解析

本实例学习烟雾效果的制作方法，首先制作云彩图像，然后设置图层混合模式，为图像做涂抹，得到烟雾效果。

实例路径	实例\第6章\烟雾效果.psd
素材路径	素材\第6章\山谷.jpg

步骤 01 选择"文件"|"打开"命令，打开"山谷.jpg"素材图像，如图6-51所示。

步骤 02 按下"图层"面板下方的"创建新图层"按钮，新建图层1，如图6-52所示。

图6-51 打开素材图像

图6-52 创建图层

步骤03 按下【D】键，恢复工具箱中前景色与背景色的默认值，然后选择"滤镜"|"渲染"|"云彩"命令，得到云彩效果，如图6-53所示。

图6-53 云彩效果

步骤04 设置图层1的图层混合模式为"滤色"，得到的图像效果如图6-54所示。

图6-54 图像效果

步骤05 单击"图层"面板中的"添加图层蒙版"按钮 ，选择画笔工具，在属性栏中设置画笔为柔角100（如图6-55所示），设置"不透明度"为50%。

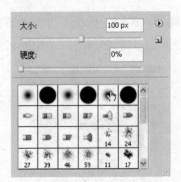

图6-55 设置画笔

步骤06 使用画笔在图像上涂抹，修饰出朦胧的雾效，将山谷中的树木及前面的杂草显现出来，如图6-56所示。

图6-56 图像效果

步骤07 新建图层2，设置画笔工具的工具属性栏中的不透明度为80%，在图像中绘制一条Z字形曲线，如图6-57所示。

图6-57 绘制图像

步骤08 选择涂抹工具 ，在工具属性栏中设置画笔为柔角65像素，设置"强度"为50%，在图像中的白色图像部分进行涂抹，最终得到烟雾环绕的图像效果，如图6-58所示。

图6-58 最终效果

技巧提示

涂抹工具可模拟在未干的绘画纸上拖动手指的动作。当图像颜色与颜色之间的边界过于生硬，或颜色与颜色之间过度勉强时，可以使用涂抹工具，将过度的颜色柔和化。在该工具的工具属性栏中如果选中"手指绘画"复选框，则可以使用前景色在每一笔的起点开始，向鼠标拖动的方向进行涂抹；如果不选，则涂抹工具用起点处的颜色进行涂抹。

实例095 错位拼贴效果

本例将制作错位拼贴效果，通过本实例的学习，读者可以掌握复制图层和变换图像的具体操作，其操作流程如图6-59所示。

打开图像　　　　　　　透视变换图像　　　　　　　最终效果

图6-59 操作流程图

技法解析

本实例学习错位拼贴效果的制作方法，首先复制图层，制作透视图像效果，然后为图像应用图层样式，并保存该样式，最后为后面的图像应用相同的样式，得到错位拼贴效果。

实例路径	实例\第6章\错位拼贴效果.psd
素材路径	素材\第6章\花朵.jpg

步骤01 打开"花朵.jpg"素材图像，选择矩形选框工具▢，在图像中创建一个矩形选区，如图6-60所示。

图6-60 绘制选区

步骤02 选择"图层"|"新建"|"通过拷贝的图层"命令，复制图层中的图像，得到图层1，如图6-61所示。

图6-61 复制选区图像

步骤03 选择"编辑"|"变换"|"透视"命令，将右下角的控制点向上拖动，按下【Enter】键确定，得到画面错位效果，如图6-62所示。

图6-62 透视变换图像

步骤04 选择"图层"|"图层样式"|"内阴影"命令，打开"图层样式"对话框，设置内阴影颜色为深蓝色（R18,G49,B113），其他参数设置如图6-63所示。

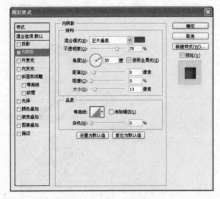

图6-63 设置内阴影参数

步骤05 选中"内发光"复选框，设置内发光颜色为蓝色（R34,G148,B227），其他参数设置如图6-64所示。

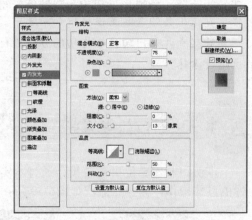

图6-64 设置内发光参数

步骤06 单击"确定"按钮回到画面中，得到的图像效果如图6-65所示。

图6-65 图像效果

步骤07 选择"窗口"|"样式"命令，在"样式"面板中灰色区域单击，将此样式保存，如图6-66所示。

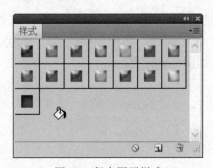

图6-66 保存图层样式

步骤08 回到"图层"面板中,选择背景图层,在画面中再创建一个矩形选区,按下【Ctrl+J】组合键复制图像,再对其做透视效果,如图6-67所示。

图6-67 绘制选区

步骤09 按下【Ctrl+J】组合键复制图像,再对其做透视效果,如图6-68所示。

图6-68 变换图像

步骤10 切换到"样式"面板中,单击刚刚保存的样式,得到与之前一样的图层样式,如图6-69所示。

图6-69 图像效果

步骤11 使用与之前相同的方法,创建矩形复制图像做透视效果,再对图像应用图层样式,完成错位拼贴图像效果的制作,如图6-70所示。

图6-70 最终效果

技巧提示

　　在"样式"面板中保存了多种样式,用户可以选择适合的样式快速得到所需的图像效果。

实例096 反转负冲效果

　　本例将制作反转负冲效果,通过本实例的学习,读者可以掌握"应用图像"命令的具体操作,其操作流程如图6-71所示。

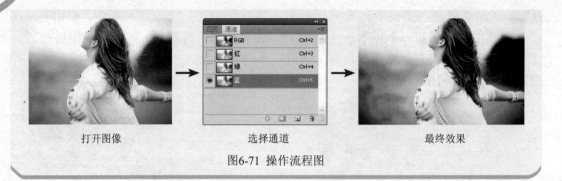

打开图像　　　　　　　选择通道　　　　　　　最终效果

图6-71 操作流程图

 技法解析

本实例学习反转负冲效果的制作方法，主要通过选择RGB各色通道，改变其混合模式及不透明度等属性，从而得到图像的反转负冲效果。

实例路径	实例\第6章\反转负冲效果.psd
素材路径	素材\第6章\迎风.jpg

步骤01 打开"迎风.jpg"素材图像，如图6-72所示。

图6-72 打开素材图像

步骤02 选择"图层"|"新建"|"通过拷贝的图层"命令，得到的图层1，如图6-73所示。

图6-73 复制图层

步骤03 切换到"通道"面板，在"通道"调板中选择蓝色通道，如图6-74所示。

图6-74 选择蓝色通道

步骤04 选择"图像"|"应用图像"命令，打开"应用图像"对话框，选中"反相"复选框，设置"混合模式"为正片叠底，"不透明度"为50%，如图6-75所示。

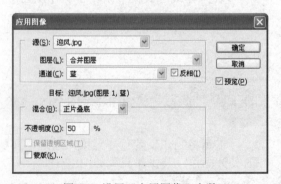

图6-75 设置"应用图像"参数

步骤05 单击"确定"按钮回到画面中，在"通道"面板中选择RGB模式，看到调整蓝色通道后的图像效果，如图6-76所示。

图6-76 调整蓝色通道后的图像效果

步骤06 在"通道"面板中选择绿色通道，选择"图像"|"应用图像"命令，打开"应用图像"对话框，选中"反相"复选框，设置"混合模式"为正片叠底，不透明度为30%，如图6-77所示。

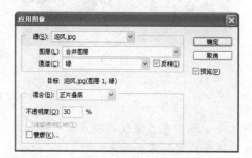

图6-77 设置绿色通道

步骤07 单击"确定"按钮回到画面中，在"通道"面板中选择RGB模式，看到调整绿色通道后的图像效果，如图6-78所示。

图6-78 调整绿色通道后的图像效果

步骤08 选择红色通道，对红色通道应用"应用图像"命令，在"应用图像"对话框中设置混合模式为"颜色加深"，其余为默认设置，如图6-79所示。

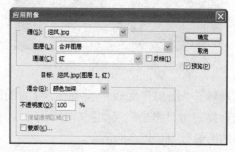

图6-79 设置红色通道

步骤09 在"通道"面板中选择RGB通道以显示出完整色彩，可以看到调整红色通道后的图像效果，如图6-80所示。

图6-80 调整红色通道后的图像效果

步骤10 选择"图像"|"调整"|"色彩平衡"命令，打开"色彩平衡"对话框，为图像添加红色和黄色，参数设置如图6-81所示。

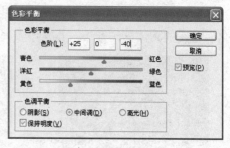

图6-81 调整色彩平衡

步骤11 单击"确定"按钮，得到调整后的图像效果，如图6-82所示。

图6-82 调整色彩平衡后的效果

图6-84 改变图层混合模式效果

步骤 12 在"图层"面板中设置图层1的图层混合模式为"强光"（如图6-83所示），得到的图像效果如图6-84所示。

步骤 13 选择橡皮擦工具，在属性栏中设置不透明度为60%，在人物皮肤上进行涂抹，将背景图层中的人物皮肤显现出来，最终效果如图6-85所示。

图6-83 设置图层混合模式

图6-85 最终效果

技巧提示

"强光"模式是复合或过滤颜色，都具体取决于混合色。该模式将产生一种强烈光线照射的效果。如果用纯黑色或纯白色绘画会产生纯黑色或纯白色。

实例097 国画效果

本例将制作国画效果，通过本实例的学习，读者可以掌握图层混合模式和"纹理化"滤镜的具体操作方法，其操作流程如图6-86所示。

 →  →

打开图像　　　　　　去色后应用效果　　　　　最终效果

图6-86 操作流程图

技法解析

本实例学习国画效果的制作方法，首先运用"高斯模糊"滤镜模糊图像，然后改变图层混合模式，最后为图像添加淡黄色，得到国画图像效果。

实例路径	实例\第6章\国画效果.psd
素材路径	素材\第6章\树木.jpg

步骤01 打开"树木.jpg"素材图像，如图6-87所示。

图6-87 打开素材图像

步骤02 按下【Ctrl+J】组合键复制背景图层，得到图层1，如图6-88所示。

图6-88 复制图层

步骤03 选择"图层"|"调整"|"去色"命令为图像去色，如图6-89所示。

图6-89 为图像去色

步骤04 选择"滤镜"|"模糊"|"高斯模糊"命令，打开"高斯模糊"对话框，设置"半径"为2，如图6-90所示。

图6-90 设置"高斯模糊"参数

步骤05 单击"确定"按钮，得到朦胧的图像效果，如图6-91所示。

图6-91 高斯模糊效果

步骤06 按下【Ctrl+J】组合键复制图层1，得到图层1副本。然后设置图层混合模式为"亮光"，得到颜色对比较强的图像效果，如图6-92所示。

图6-92 颜色对比较强的图像效果

图6-95 偏黄色的图像效果

步骤07 选择背景图层，按下【Ctrl+J】组合键复制图层得到背景副本，再将背景副本置于图层最上方，设置图层混合模式为颜色，如图6-93所示。

图6-93 调整图层混合模式

步骤08 选择"图层"|"拼合图像"命令，现在已经得到图像的国画效果，如图6-94所示。

图6-94 国画效果

步骤09 新建图层，填充为淡黄色（R236，G226,B177），再设置该图层的图层混合模式为"正片叠底"，"不透明度"为55%，得到有偏黄色的图像效果，如图6-95所示。

步骤10 选择"滤镜"|"纹理"|"纹理化"命令，在"纹理"下拉列表中选择"画布"选项，再设置"缩放"为110，"凸现"为8，如图6-96所示。

图6-96 设置"纹理化"参数

步骤11 完成后，使用裁切工具选择一个适当的画面区域，进行裁切，使画面形成竖式构图，完成本实例的制作，最终效果如图6-97所示。

图6-97 最终效果

技巧提示

使用纹理化滤镜可以为图像添加预设的纹理或者自己创建的纹理效果，在对话框中的"光照"下拉列表中可以选择光照方向。

技巧提示

有些滤镜效果可能占用大量内存，特别是应用于高分辨率的图像时。

实例098 扫描线效果

本例将制作扫描线效果，通过本实例的学习，读者可以掌握"色阶"命令和"半调图案"滤镜的具体操作，其操作流程如图6-98所示。

打开图像　　　　　　　　设置滤镜参数　　　　　　　　最终效果

图6-98 操作流程图

 技法解析

本实例学习扫描线效果的制作方法，主要通过"半调图案"滤镜制作出直线背景，然后调整图层混合模式和不透明度，从而得到扫描线效果。

	实例路径	实例\第6章\扫描线效果.psd
	素材路径	素材\第6章\玩耍.jpg

步骤01 选择"文件"|"打开"命令，打开"玩耍.jpg"素材图像，如图6-99所示。

图6-99 打开素材图像

步骤02 选择"图像"|"调整"|"色阶"命令，打开"色阶"对话框，拖动三角形滑块调整图像整体亮度，如图6-100所示。

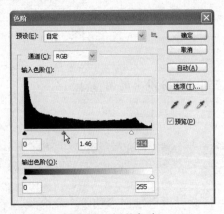

图6-100 调整色阶

步骤03 单击"确定"按钮，得到调整后的图像效果，如图6-101所示。

图6-101 调整色阶后的图像效果

步骤04 选择"图像"|"调整"|"色彩平衡"命令，打开"色彩平衡"对话框，适当为图像增添绿色和黄色，如图6-102所示。

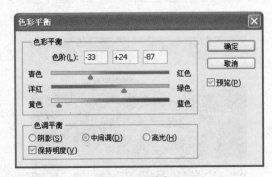

图6-102 调整色调

步骤05 单击"确定"按钮，得到调整后的图像效果，如图6-103所示。

图6-103 调整色彩平衡后的图像效果

步骤06 新建图层1，将图层1填充为白色，设置前景色为黑色，背景色为白色，然后选择"滤镜"|"素描"|"半调图案"命令，打开"半调图案"对话框，设置参数为4、7，并选择图案类型为"直线"，如图6-104所示。

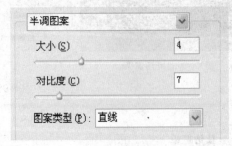

图6-104 设置参数

步骤07 单击"确定"按钮，得到半调图案效果，如图6-105所示。

图6-105 图像效果

步骤08 设置图层1的图层混合模式为"叠加"，不透明度为60%，完成本实例的制作，最终效果如图6-106所示。

图6-106 最终效果

技巧提示

　　使用半调图案滤镜可以使用前景色显示凸显的阴影部分，使用背景色显示高光部分，让图像产生一种网板图案效果。

实例099　浪漫边框效果

　　本例将制作浪漫边框效果，通过本实例的学习，读者可以掌握快速蒙版和"彩色半调"滤镜的具体操作方法，其操作流程如图6-107所示。

打开图像　　　　　　　　制作杂点　　　　　　　最终效果

图6-107 操作流程图

技法解析

　　本实例学习浪漫边框效果的制作方法，首先通过"彩色半调"滤镜制作出边框图像，然后为图像添加投影效果，从而完成操作。

实例路径	实例\第6章\浪漫边框效果.psd
素材路径	素材\第6章\小狗.jpg

步骤01 选择"文件"|"打开"命令，打开"小狗.jpg"素材图像，如图6-108所示。

图6-108 素材图像

步骤02 按下【Ctrl+J】组合键复制背景图层，得到图层1，然后选择背景图层，填充为白色，如图6-109所示。

图6-109 填充背景图层为白色

步骤03 选择图层1，选择套索工具，在图像中拖动鼠标绘制选区，如图6-110所示。

图6-110 绘制选区

步骤04 单击工具箱底部的"快速蒙版"按钮，将所选区域转换为蒙版，如图6-111所示。

图6-111 将选区转换为蒙版

步骤05 选择"滤镜"|"像素化"|"彩色半调"命令，打开"彩色半调"对话框，设置各项参数如图6-112所示。

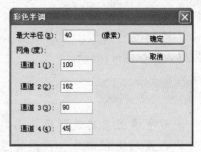

图6-112 设置"彩色半调"参数

步骤06 单击"确定"按钮，彩色半调的效果如图6-113所示。

图6-113 彩色半调效果

步骤07 选择"滤镜"|"素描"|"铬黄…"命令，打开"铬黄渐变"对话框，设置各项参数如图6-114所示。

图6-114 设置滤镜参数

步骤08 单击"确定"按钮，得到"铬黄渐变"后的图像效果如图6-115所示。

步骤09 选择"滤镜"|"画笔描边"|"成角的线条"命令，打开"成角的线条"对话框，设置参数如图6-116所示。

图6-115 铬黄渐变效果

图6-116 设置滤镜参数

步骤10 单击"确定"按钮，得到的图像效果如图6-117所示。

图6-117 "成角的线条"滤镜效果

步骤11 选择"滤镜"|"扭曲"|"扩散亮光"命令，打开"扩散亮光"对话框，设置参数如图6-118所示。

图6-118 设置滤镜参数

步骤12 单击"确定"按钮后，得到扩散亮光效果如图6-119所示。

图6-119 扩散亮光效果

步骤13 按下【Q】键退出快速蒙版编辑模式，获取图像选区，如图6-120所示。

图6-120 获取选区

步骤14 选择"选择"|"反向"命令，反向选择选区，再按下【Delete】键删除选区中的图像，效果如图6-121所示。

图6-121 删除图像

步骤 15 选择 "图层" | "图层样式" | "内阴影" 命令，打开 "图层样式" 对话框，设置内阴影颜色为黑色，设置角度为120度、距离为14、大小为5，如图6-122所示。

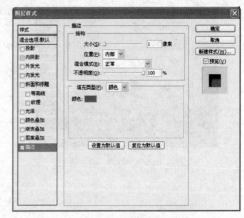

图6-123 设置描边参数

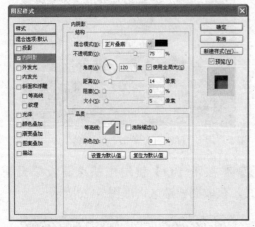

图6-122 设置内阴影参数

步骤 16 选中 "描边" 复选框，设置颜色为红色，位置为 "内部"，其他参数设置如图6-123所示。

步骤 17 单击 "确定" 按钮，完成本实例的制作，图像最终效果如图6-124所示。

图6-124 最终效果

实例100 艺术边框效果

本例将制作艺术边框效果，通过本实例的学习，读者可以掌握 "碎片" 滤镜的具体设置，该实例的操作流程如图6-125所示。

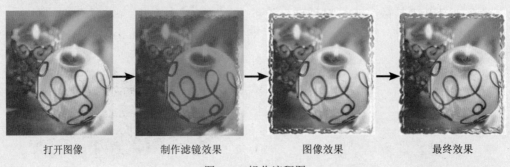

| 打开图像 | 制作滤镜效果 | 图像效果 | 最终效果 |

图6-125 操作流程图

技法解析

　　本实例学习艺术边框效果的制作方法，首先为图像添加快速蒙版，然后通过"碎片"和"铬黄渐变"等滤镜制作图像效果，最后为图像添加图层样式，完成操作。

实例路径	实例\第6章\艺术边框效果.psd
素材路径	素材\第6章\蜡烛.jpg

步骤01 选择"文件"|"打开"命令，打开"蜡烛.jpg"素材图像，如图6-126所示。

图6-126 打开素材图像

步骤02 按下【Ctrl+J】组合键复制背景图层，得到图层1，然后选择背景图层，将其填充为白色，如图6-127所示。

图6-127 填充背景图层

步骤03 选择背景图层，选择矩形选框工具，在图像中绘制一个矩形选区，然后按下【Ctrl+Shift+I】组合键反向选区，如图6-128所示。

图6-128 反向选区

步骤04 单击工具箱底部的"快速蒙版"按钮，将所选区域转换为蒙版，如图6-129所示。

图6-129 将选区转换为蒙版

步骤05 选择"滤镜"|"像素化"|"碎片"命令，为当前的蒙版进行碎片处理，效果如图6-130所示。

图6-130 碎片效果

步骤06 选择"滤镜"|"像素化"|"晶格化"命令，打开"晶格化"对话框，设置参数如图6-131所示。

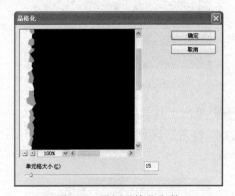

图6-131 设置晶格化参数

步骤07 单击"确定"按钮，得到的图像效果如图6-132所示。

图6-132 晶格化效果

步骤08 选择"滤镜"|"素描"|"铬黄…"命令，打开"铬黄渐变"对话框，设置各项参数如图6-133所示。

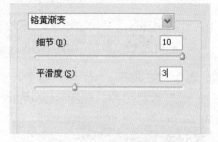

图6-133 设置铬黄渐变参数

步骤09 单击"确定"按钮，得到的图像效果如图6-134所示。

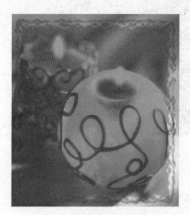

图6-134 铬黄渐变效果

步骤10 按下【Q】键退出快速蒙版编辑模式，获取图像选区，如图6-135所示。

图6-135 获取选区

步骤11 选择图层1，按下【Delete】键删除选区内容，得到白色边框效果，如图6-136所示。

图6-136 白色边框效果

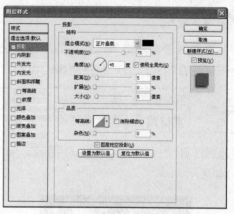

图6-137 设置投影参数

步骤12 选择"图层"|"图层样式"|"投影"命令，打开"图层样式"对话框，设置投影为黑色，其他参数设置如图6-137所示。

步骤13 单击"确定"按钮，完成实例操作，图像最终效果如图6-138所示。

技巧提示

　　"铬黄渐变"滤镜可以使图像产生类似于金属表面被磨光后的效果。在反射表面中，高光点为亮点，暗调为暗点。

图6-138 最终效果

实例101 梦幻柔焦效果

　　本例将制作梦幻柔焦效果，通过本实例的学习，读者可以掌握"变亮"图层混合模式和"色相/饱和度"命令的具体使用方法，其操作流程如图6-139所示。

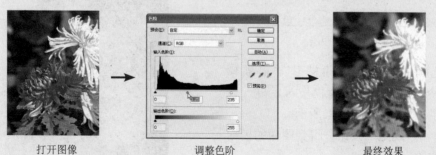

打开图像　　　　　调整色阶　　　　　最终效果

图6-139 操作流程图

技法解析

本实例学习梦幻柔焦效果的制作方法，首先为图像应用"高斯模糊"滤镜，然后为改变图层混合模式，最后调整图像的明度和饱和度，从而完成操作。

	实例路径	实例\第6章\梦幻柔焦效果.psd
	素材路径	素材\第6章\菊花.jpg

步骤01 打开"菊花.jpg"素材图像，如图6-140所示。

图6-140 打开素材图像

步骤02 按下【Ctrl+J】组合键复制背景图层，得到图层1，如图6-141所示。

图6-141 复制图层

步骤03 选择"滤镜"|"模糊"|"高斯模糊"命令，打开"高斯模糊"对话框，设置模糊半径为5，如图6-142所示。

步骤04 单击"确定"按钮，得到图像的模糊效果，如图6-143所示。

图6-142 设置模糊参数

图6-143 高斯模糊效果

步骤05 设置图层1的图层混合模式为"变亮"，如图6-144所示。

图6-144 设置图层混合模式

步骤06 按【Ctrl+L】组合键打开"色阶"对话框，拖动三角形滑块调整参数，如图6-145所示。

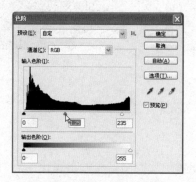

图6-145 调整"色阶"参数

步骤07 单击"确定"按钮，调整后的图像效果如图6-146所示。

图6-146 调整色阶后的图像效果

步骤08 选择"图像"|"调整"|"色相/饱和度"命令，打开"色相/饱和度"对话框，设置参数如图6-147所示。

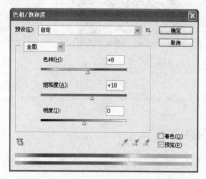

图6-147 设置"色相/饱和度"参数

步骤09 单击"确定"按钮完成本实例的制作，最终效果如图6-148所示。

图6-148 最终效果

技巧提示

　　"变亮"模式与"变暗"模式作用相反，它在查看每个通道中的颜色信息之后，选择基色或混合色中较亮的颜色作为结果色。比混合色暗的像素将被替换，比混合色亮的像素将保持不变。

实例102 沙滩爱语

　　本例将制作沙滩爱语效果，通过本实例的学习，读者可以掌握自定形状工具的具体使用方法，其操作流程如图6-149所示。

绘制心形　　　　　　　输入文字　　　　　　　最终效果

图6-149 操作流程图

 技法解析

　　本实例学习沙滩爱语效果的制作方法，首先在图像中绘制出一个心形路径，然后将该路径转换为选区，填充选区，最后为图像添加图层样式，完成操作。

	实例路径	实例\第6章\沙滩爱语.psd
	素材路径	素材\第6章\沙滩.jpg

步骤01 选择"文件"|"打开"命令，打开"沙滩.jpg"素材图像，如图6-150所示。

图6-150 打开素材图像

步骤02 按下【Ctrl+J】组合键复制背景图层，得到图层1，设置图层混合模式为"滤色"，图像效果如图6-151所示。

图6-151 图层混合模式效果

步骤03 选择自定形状工具，单击工具属性栏上的"路径"按钮，设置形状为"红心形卡"，如图6-152所示。

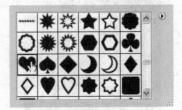

图6-152 选择形状

步骤04 在图像中拖动鼠标，绘制出桃心图形，然后选择直接选择工具，在路径上任意点单击。拖移路径的各个锚点和转换点，改变路径的形状，如图6-153所示。

图6-153 编辑路径

步骤05 按下【Ctrl+Enter】组合键将路径转换为选区，单击"通道"面板下方的"将选区存储为通道"按钮，新建通道Alpha1，选择"选择"|"修改"|"收缩"命令，打开"收缩选区"对话框，设置收缩量为8像素，单击"确定"按钮，然后填充选区为黑色，并按下【Ctrl+D】组合键取消选区，如图6-154所示。

图6-154 删除图像

步骤06 单击RGB通道缩览图前的"指示通道可见性"按钮，显示RGB通道。选择横排文字工具，在工具属性栏中设置字体为Comic Sans MS，字体大小为120点，消除锯齿的方法为浑厚；然后单击Alpha1通道缩览图前的"指示通道可视性"按钮，显示Alpha1通道，在窗口右下角的心形内单击，输入文字：love，如图6-155所示。

图6-155 输入文字

步骤07 选择"图层"|"栅格化"|"文字"命令，将文字图层栅格化；按下【Ctrl+T】组合键，逆时针旋转图形，然后按住【Ctrl】拖动调节框的各个角点，对图形进

行扭曲变形，单击Alpha1通道缩览图前的"指示通道可视性"按钮，隐藏Alpha1通道，图像效果如图6-156所示。

图6-156 编辑文字图像

步骤08 选择Alpha1通道，按住【Ctrl】键单击love图层的缩览图，载入图像选区，按下【Delete】键删除选区内容，取消选区后拖动Alpha1通道到"通道"面板下方的"创建新通道"按钮，复制Alpha1副本通道，如图6-157所示。

图6-157 图像效果

步骤09 选择"滤镜"|"模糊"|"高斯模糊"命令，打开"高斯模糊"对话框，设置半径为5，如图6-158所示。

图6-158 设置"高斯模糊"参数

步骤 10 选择"滤镜"|"扭曲"|"扩散亮光"命令，打开"扩散光亮"对话框，设置粒度为6，发光量为9，清除数量为8，如图6-159所示。

图6-159 设置滤镜参数

步骤 11 选择"滤镜"|"锐化"|"锐化"命令，按下【Ctrl+F】组合键两次，重复上一次滤镜操作，即"锐化"命令，得到的图像效果如图6-160所示。

图6-160 图像效果

步骤 12 选择背景图层，单击love图层缩览图前的"指示图层可视性"按钮，隐藏该图层。按住【Ctrl】键不放单击Alpha1通道，载入选区，如图6-161所示。

图6-161 载入选区

步骤 13 按下【Ctrl+J】组合键复制选区内容为图层1。双击图层1后面的空白处，打开"图层样式"对话框，选中"斜面和浮雕"复选框，设置光泽等高线为"环形"，阴影颜色为灰色（R58,G58,B58），其他参数设置如图6-162所示，得到的图像效果如图6-163所示。

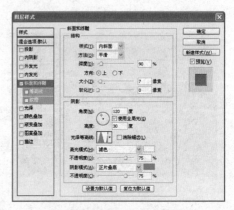

图6-162 设置图层样式参数

图6-163 图像效果

步骤 14 选择"滤镜"|"杂色"|"添加杂色"命令，打开"添加杂色"对话框，选中"单色"复选框，设置数量为25%，选中"平均分布"单选按钮（如图6-164所示），单击"确定"按钮，得到的图像效果如图6-165所示。

步骤 15 选择背景图层，按住【Ctrl】键单击Alpha1副本通道，载入选区。按住【Ctrl+J】组合键复制选区内容为图层2，并将其放到图层1上面。双击图层2后面的空白处，打开"图层样式"对话框，选中"斜面和浮雕"复选框，设置深度为100%，大小为3，设置高亮颜色为浅棕色（R184,G127,B121），阴影颜色为棕红色（R127,G38,B31），单击"确定"按钮，效果如图6-166所示。

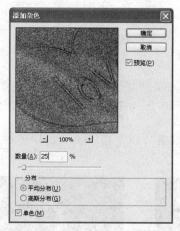

图6-164 设置杂色参数

图6-165 添加杂色效果

图6-166 浮雕效果

步骤16 按住【Ctrl】键不放单击图层1的缩览图，载入选区。按下【Ctrl+Alt+D】组合键打开"羽化选区"对话框，设置羽化半径为1，再选择"选择"|"修改"|"收缩"命令，打开"收缩选区"对话框，设置收缩量为2，图像效果如图6-167所示。

图6-167 收缩选区

步骤17 按下【Delete】键删除选区内容，并按下【Ctrl+D】组合键取消选区。选择"滤镜"|"杂色"|"添加杂色"命令，打开"添加杂色"对话框，选中"单色"复选框，设置数量为50%，图像效果如图6-168所示。

图6-168 添加杂色效果

步骤18 选择橡皮擦工具，设置画笔为尖角140像素，不透明度为100%，流量为100%。在心形图形周围的沙滩及海水上涂抹，擦除多余的杂色。按【[】键缩小橡皮擦的主直径，将心形内部的杂色擦除，完成本实例的制作，最终效果如图6-169所示。

图6-169 最终效果

实例103 霓虹灯效果

　　本例将制作霓虹灯效果，通过本实例的学习，读者可以掌握Photoshop中多种工具和命令的具体操作，其操作流程如图6-170所示。

绘制人物图像　　　　　　　　添加图层样式　　　　　　　　最终效果

图6-170 操作流程图

 技法解析

　　本实例学习霓虹灯效果的制作方法，首先调整背景图像，通过钢笔工具绘制出人物路径，然后通对图像添加图层样式，最后制作出图像投影在墙面上的效果，完成操作。

实例路径	实例\第6章\霓虹灯效果.psd	
素材路径	素材\第6章\墙壁.jpg	

步骤01 打开"墙壁.jpg"素材图像，如图6-171所示。

图6-171 打开素材图像

步骤02 拖动背景图层到"图层"面板下方的"创建新图层"按钮 ，复制出背景副本图层，设置背景副本图层的图层混合模式为"正片叠底"，如图6-172所示。

图6-172 复制图层

步骤03 按下【Ctrl+Alt+Shift+E】组合键盖印可见图层，选择"图像"|"调整"|"曲线"命令，在打开的"曲线"对话框中调节曲线参数如图6-173所示。

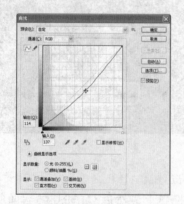

图6-173 调整曲线

步骤04 单击"确定"按钮，得到的图像效果如图6-174所示。

图6-174 调整"曲线"后的图像效果

步骤05 单击"图层"面板下方的"创建新图层"按钮 ，新建图层2，选择钢笔工具 ，单击工具属性栏中的"路径"按钮 ，在图像中间绘制跳舞的人形路径，如图6-175所示。

图6-175 建立选区

步骤06 按下【Ctrl+Enter】组合键将路径转换为选区，将选区内填充为白色，并按下【Ctrl+D】组合键取消选区，效果如图6-176所示。

图6-176 填充选区

步骤07 选择"图层"|"图层样式"|"外发光"命令，打开"图层样式"对话框，设置发光颜色为红色（R252,G61,B61），大小为45，如图6-177所示。

步骤08 选中"内发光"复选框，设置发光颜色为红色（R255,G0,B0），混合模式为正常，大小为10（如图6-178所示），单击"确定"按钮，得到的图像效果如图6-179所示。

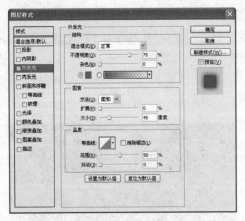

图6-177 设置外发光参数

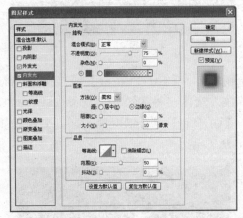

图6-178 设置内发光参数

图6-180 绘制路径

步骤10 按下【Ctrl+Enter】组合键将路径转换为选区，填充为白色，然后选择"选择"|"修改"|"收缩"命令，打开"收缩选区"对话框，设置收缩量为10，单击"确定"按钮后按下【Delete】键删除选区内容，效果如图6-181所示。

图6-181 填充选区

步骤11 按住【Alt】键拖动图层2下面的效果到图层3上，然后双击图层3后面的空白处，打开"图层样式"对话框，设置"外发光"大小为50，"内发光"大小为8，单击"确定"按钮，效果如图6-182所示。

图6-179 添加图层样式后的效果

步骤09 新建图层3，选择圆角矩形工具，单击属工具性栏中的"路径"按钮，设置半径为10像素，在窗口人物图形下方绘制圆角矩形路径，如图6-180所示。

图6-182 添加图层样式后的效果

步骤12 使用横排文字工具在窗口中圆角矩形框内输入文字"Karaok-TV",在工具属性栏中设置字体为文鼎CS粗圆繁,白色字体大小为100点,如图6-183所示。

图6-183 输入文字

步骤13 双击文字图层,打开"图层样式"对话框。选中"外发光"复选框,设置发光为白色,大小为15。选中"内发光"复选框,设置发光颜色为浅青色(R197,G253,B255),混合模式为"正常",大小为9,单击"确定"按钮,效果如图6-184所示。

图6-184 添加图层样式后的效果

步骤14 新建图层4和图层5,选择自定形状工具 ,按上述方法分别在两个图层中绘制出不同的白色图案,为图层4和图层5添加图形样式,设置参数时须注意内发光的颜色要比外发光的颜色鲜艳,设置后的效果如图6-185所示。

图6-185 图像效果

步骤15 按住【Ctrl】键不放单击图层2的缩览图,载入人物图像选区,选择"选择"|"修改"|"扩展"命令,设置扩展量为15,完成后按下【Ctrl+Alt+D】组合键打开"羽化选区"对话框,设置羽化半径为5,单击"确定"按钮,效果如图6-186所示。

图6-186 扩展选区

步骤16 选择图层1,按下【Ctrl+J】组合键复制选区内容为图层6,作为人像图形将墙壁映亮的部分,选择"图像"|"调整"|"亮度/对比度"命令,打开对话框,适当增加图像亮度,单击"确定"按钮后图像效果如图6-187所示。

步骤17 按上述方法分别为其他图像制作出背景光亮,使得墙壁变亮且映有霓虹灯的色彩,最终效果如图6-188所示。

图6-187 调整"亮度"后的效果

图6-188 最终效果

实例104 下雪效果

本例将制作下雪效果，通过本实例的学习，读者可以掌握Photoshop中多种滤镜命令和图像调整命令的具体操作，其操作流程如图6-189所示。

调整图像曲线　　　　调整绿色通道　　　　填充白色　　　　最终效果

图6-189 操作流程图

技法解析

本实例学习下雪效果的制作方法，首先选择绿色通道并对其做调整，然后载入图像选区填充白色，最后通过滤镜制作出飘雪效果，完成操作。

实例路径	实例\第6章\下雪效果.psd
素材路径	素材\第6章\美景.jpg

01 打开"美景.jpg"素材图像，拖动背景图层到图层面板下方的"创建新图层"按钮 上，复制出"背景 副本"图层，如图6-190所示。

图6-190 复制图层

步骤02 选择"图像"|"调整"|"亮度/对比度"命令，打开"亮度/对比度"对话框，设置亮度为10，对比度为25，单击"确定"按钮，效果如图6-191所示。

图6-191 调整亮度/对比度后的效果

步骤03 切换到"通道"面板，拖动绿通道到"通道"面板下方的"创建新通道"按钮上，复制出"绿副本"通道，如图6-192所示。

图6-192 复制绿色通道

步骤04 选择"图像"|"调整"|"色阶"命令，在打开的对话框中设置输入色阶为35、1和224，如图6-193所示。

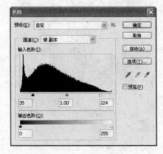

图6-193 调整色阶

步骤05 单击"确定"按钮，得到调整后的图像效果，如图6-194所示。

图6-194 调整色阶后的效果

步骤06 选择"滤镜"|"艺术效果"|"胶片颗粒"命令，打开"胶片颗粒"对话框，设置颗粒为4，高光区域为0，强度为10（如图6-195所示），单击"确定"按钮，图像效果如图6-196所示。

图6-195 设置滤镜参数

图6-196 滤镜效果

步骤07 选择"滤镜"|"艺术效果"|"绘画涂抹"命令，打开"绘画涂抹"对话框，设置画笔大小为2，锐化程度为4，画笔类型为"简单"（如图6-197所示），单击"确定"按钮，图像效果如图6-198所示。

图6-197 设置滤镜参数

图6-198 图像效果

步骤08 按住【Ctrl】键不放单击绿副本通道，载入选区，在"图层"面板中新建图层1，如图6-199所示。

图6-199 载入图像选区

步骤09 按下【Ctrl+Delete】组合键将选区内填充为白色，按下【Ctrl+D】组合键取消选区，效果如图6-200所示。

图6-200 图像效果

步骤10 双击图层1后面的空白处，打开"图层样式"对话框，选中"斜面和浮雕"复选框，设置深度为100%，大小为2（如图6-201所示），图像效果如图6-202所示。

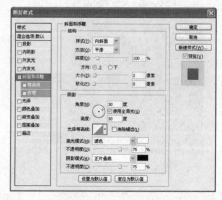

图6-201 设置浮雕参数

图6-202 浮雕效果

步骤11 新建图层2，填充为白色。选择"滤镜"|"像素化"|"点状化"命令，打开"点状化"对话框，设置单元格大小为5，单击"确定"按钮，图像效果如图6-203所示。

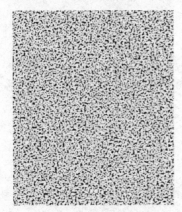

图6-203 "点状化"滤镜效果

步骤12 选择"图像"|"调整"|"阈值"命令，打开"阈值"对话框，设置阈值色阶为224（如图6-204所示），单击"确定"按钮，得到的图像效果如图6-205所示。

图6-204 调整"阈值"参数

图6-205 图像效果

步骤13 设置图层2的图层混合模式为"滤色"，选择"滤镜"|"模糊"|"动感模糊"命令，打开"动感模糊"对话框，设置角度为-48°，距离为5，单击"确定"按钮完成本实例的制作，最终效果如图6-206所示。

图6-206 最终效果

演绎不一般的精彩，

图说经典设计理念

PART
第7章

综合案例

本章将介绍与平面艺术设计相关的一些案例，通过多个实例的制作，让读者更加深入地掌握Photoshop软件的操作技能，学习平面艺术设计的相关知识，为将来的工作打下坚实的基础。

效果展示

XIAOGUO ZHANSHI

实例105 教师节卡片

　　本例将制作一个教师节卡片，通过本实例的学习，读者可以掌握钢笔工具的使用方法和路径的具体编辑操作，其操作流程如图7-1所示。

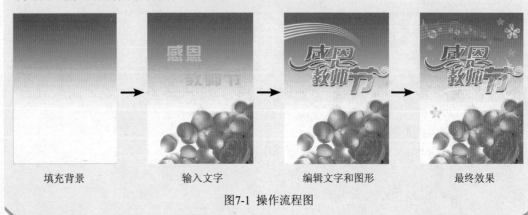

填充背景　　　　　　　输入文字　　　　　　编辑文字和图形　　　　　最终效果

图7-1 操作流程图

 技法解析

　　本实例所制作的教师节卡片，首先为图像制作渐变背景，然后输入文字，转换为路径后，使用钢笔工具对路径做编辑，得到变形文字效果，最后添加其他素材图像完成操作。

实例路径	实例\第7章\教师节卡片.psd
素材路径	素材\第7章\花瓣.jpg

步骤01 选择"文件"|"新建"命令，打开"新建"对话框，设置文件名称为"感恩教师节"，大小为10×15厘米，分辨率为150，如图7-2所示。

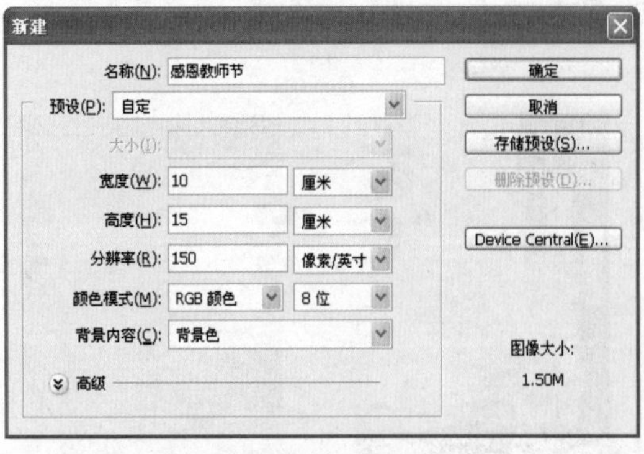

步骤02 选择渐变工具，设置渐变颜色从洋红色（R228,G0,B127）到白色，然后为图像应用线性渐变填充，效果如图7-3所示。

图7-2 新建文件

图7-3 线性渐变填充

步骤03 打开"花瓣.jpg"素材图像，使用移动工具将该图像拖动到画面中，放到图像右下角，如图7-4所示。

图7-4 添加素材图像

步骤04 选择横排文字工具在图像中输入文字，设置字体为方正综艺简体，效果如图7-5所示。

图7-5 输入文字

步骤05 按住【Ctrl】键单击文字图层，载入选区，然后选择"窗口"|"路径"命令，打开"路径"面板，单击面板底部"将选区生成工作路径"按钮 ，得到路径，如图7-6所示。

图7-6 将选区转换为路径

步骤06 隐藏文字图层，选择钢笔工具组中的工具对路径进行编辑，得到文字的变形效果，如图7-7所示。

图7-7 编辑路径

步骤07 选择"图层"|"新建填充图层"|"渐变"命令，在弹出的对话框中单击"确定"按钮，打开"渐变填充"对话框，设置各项参数如图7-8所示。

图7-8 "渐变填充"对话框

步骤08 单击渐变编辑条，打开"渐变编辑器"对话框，选择一种颜色后，设置渐变类型为"杂色"（如图7-9所示），依次单击"确定"按钮，得到渐变编辑效果，如图7-10所示。

图7-9 "渐变编辑器"对话框

图7-10 渐变填充效果

步骤09 按下【Ctrl+Enter】组合键将路径转换为选区（如图7-11所示），单击"图层"面板底部的"添加图层蒙版"按钮 ，隐藏选区以外的图像，效果如图7-12所示。

图7-11 转换选区

图7-12 图像效果

步骤10 选择"图层"|"图层样式"|"投影"命令，打开"图层样式"对话框，设置投影颜色为黑色，其他参数设置如图7-13所示。

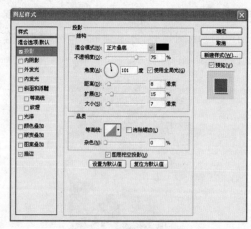

图7-13 设置投影参数

步骤11 选中"描边"复选框，设置描边颜色为白色，其他参数设置如图7-14所示。

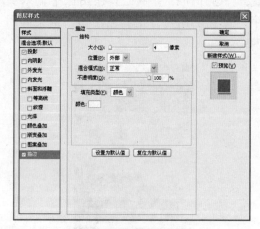

图7-14 设置描边参数

步骤12 单击"确定"按钮，添加图层样式后的效果如图7-15所示。

图7-15 添加图层样式后的效果

步骤 13 新建图层,设置前景色为白色,使用钢笔工具绘制几条曲线,选择画笔工具,设置画笔样式为柔角,大小为10,单击"路径"面板底部的"用画笔描边路径"按钮,得到如图7-16所示的效果。

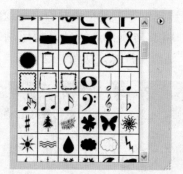

图7-18 选择图形

图7-16 绘制曲线

图7-19 绘制音符图形

步骤 14 设置该图层的图层混合模式为"柔光",效果如图7-17所示。

图7-20 绘制图像

图7-17 图像效果

步骤 17 使用相同的方法,在"形状"面板中选择其他音符图形,在曲线中绘制路径,转换为选区后对边缘做涂抹,如图7-21所示。

步骤 15 选择自定形状工具,在工具属性栏中选择"八分音符"图形(如图7-18所示),在曲线中绘制出音符图形,并将其转换为选区,如图7-19所示。

步骤 16 新建图层,选择画笔工具,设置画笔样式为柔角,在选区周围做涂抹,得到如图7-20所示的效果。

图7-21 制作其他音符图像

步骤 18 选择钢笔工具在画面右上方绘制花瓣图形，将其转换为选区后，使用画笔工具对选区边缘做涂抹，如图7-22所示。

图7-22 绘制花瓣

步骤 19 按下【Ctrl+D】组合键取消选区，复制多个花瓣图像，并调整其图层不透明度，参照如图7-23所示的位置排放。

图7-23 复制多个图像

步骤 20 使用横排文字工具在画面上方输入一行英文，填充颜色为暗红色（R170,G45,B104），如图7-24所示。

图7-24 输入文字

步骤 21 使用钢笔工具在"节"图像中绘制一个的曲线图像，并填充为白色，设置图层不透明度为58%，效果如图7-25所示。

图7-25 绘制音符图形

步骤 22 新建图层，选择画笔工具，在图像中绘制出白色圆点，完成本实例的制作，最终效果如图7-26所示。

图7-26 最终效果

技巧提示

　　在使用钢笔工具绘制曲线时，可以按住【Alt】键删除节点，按住【Ctrl】键可以编辑曲线。

实例106 圣诞邀请函

本例将制作圣诞邀请函，通过本实例的学习，读者可以掌握图层混合模式和"画笔"面板的具体设置，其操作流程如图7-27所示。

填充背景　　　　　　　　制作文字效果　　　　　　　　最终效果

图7-27 操作流程图

 技法解析

本实例所制作的圣诞邀请函，首先在图像中添加素材图像，然后对其应用不同的图层混合模式，最后再添加文字和烟花图像，完成操作。

实例路径	实例\第7章\圣诞邀请函.psd
素材路径	素材\第7章\城堡.psd、小鹿.psd、蜡烛.psd

步骤01 选择"文件"|"新建"命令，打开"新建"对话框，设置文件名称为"圣诞节贺卡"，大小为20×17厘米，分辨率为150，如图7-28所示。

步骤02 设置前景色为洋红色（R228,G0,B127）按下【Alt+Delete】组合键填充颜色，如图7-29所示。

步骤03 选择加深工具，设置画笔类型为柔角，大小为500，然后在图形中拖动鼠标进行涂抹，将图像左侧做加深处理，效果如图7-30所示。

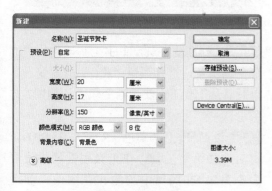

图7-28 新建文件

图7-29 填充背景

图7-30 加深颜色

步骤04 打开"城堡.psd"素材图像，使用移动工具将其拖动到当前编辑的图像中，放到如图7-31所示的位置。

图7-31 添加素材图像

步骤05 这时"图层"面板中将自动增加一个图层，设置该图层的混合模式为"线性加深"，不透明度为12%，效果如图7-32所示。

图7-32 图像效果

步骤06 按下【Ctrl+R】组合键显示标尺，将鼠标移动到左侧标尺处，按住鼠标左键拖动出一条参考线，如图7-33所示。

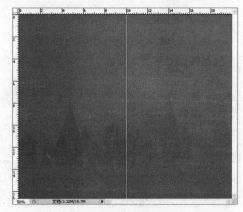

图7-33 设置参考线

步骤07 新建图层，选择矩形选框工具在画面中间绘制一个较细的矩形选区，如图7-34所示。

图7-34 绘制矩形选区

步骤08 选择渐变工具，单击工具属性栏中的渐变编辑条，选择颜色"橙,黄,橙渐变"，再对其从上到下做线性渐变填充，如图7-35所示。

步骤09 设置前景色为黄色（R252,G233,B0），然后选择铅笔工具，在工具属性栏中设置大小为1，在图像中绘制礼花图像，如图7-36所示。

图7-35 填充选区

图7-38 填充选区

步骤12 使用同样的方法绘制出另一个黄色曲线图像，如图7-39所示。

图7-36 绘制礼花图像

步骤10 新建图层，选择钢笔工具在图像右下角绘制一个弧形路径，如图7-37所示。

图7-39 绘制图像

步骤13 打开"小鹿.psd"素材图像，使用移动工具将其拖动到当前编辑的图像中，放到画面右下角，如图7-40所示。

图7-37 绘制路径

步骤11 按下【Ctrl+Enetr】组合键将路径转换为选区，选择"选择"|"修改"|"羽化"命令，打开"羽化选区"对话框，设置羽化值为3，然后填充选区为黄色（R252,G233,B0），如图7-38所示。

图7-40 添加素材图像

步骤14 选择"图层"|"图层样式"|"外发光"命令，打开"图层样式"对话框，设置外发光颜色为黄色，再设置其他参数，如图7-41所示。

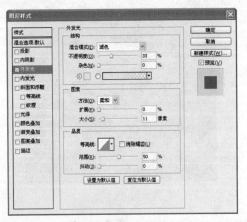

图7-41 设置外发光参数

步骤 15 单击"确定"按钮，得到图像的外发
光效果，如图7-42所示。

图7-42 图像效果

步骤 16 选择横排文字工具 T 在图像中输入
文字，在工具属性栏中设置字体为方正琥
珀繁体，如图7-43所示。

图7-43 输入文字

步骤 17 选择"图层"|"图层样式"|"投
影"命令，打开"图层样式"对话框，设
置投影颜色为深红色（R182,G0,B5），其
他参数设置如图7-44所示。

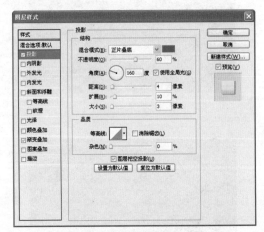

图7-44 设置投影参数

步骤 18 选中"渐变叠加"复选框，设置渐
变颜色从橘黄色（R243,G151,B0）到黄色
（R255,G241,B0）到白色，其余参数设置
如图7-45所示。

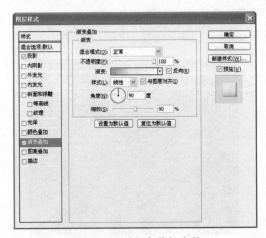

图7-45 设置渐变叠加参数

步骤 19 单击"确定"按钮，得到添加图层样
式后的文字效果，如图7-46所示。

步骤 20 再次输入文字，为其应用同样的图层
样式，效果如图7-47所示。

图7-46 文字效果

图7-47 输入文字

步骤21 设置前景色为黄色（R255,G241,B0），然后使用画笔工具在文字周围绘制出星点图像，如图7-48所示。

图7-48 绘制星点

步骤22 打开"蜡烛.psd"素材图像，使用移动工具将蜡烛移动到当前编辑的图像中，放到画面的左侧，如图7-49所示。

图7-49 添加素材图像

步骤23 选择横排文字工具在画面左侧输入一段中文和一段英文，并对英文应用外发光图层样式，最终效果如图7-50所示。

图7-50 最终效果

实例107 饭店周年庆广告

本例将制作饭店周年庆广告，通过本实例的学习，读者可以掌握"羽化选区"和"画笔"面板的具体设置技巧，其操作流程如图7-51所示。

添加素材图像

制作图像背景

最终效果

图7-51 操作流程图

技法解析

　　本实例所制作的饭店周年庆广告，首先将通过羽化选区，得到朦胧的背景图像，然后使用画笔工具绘制出白色圆点图像，最后添加素材图像和文字，完成操作。

实例路径	实例\第7章\饭店周年庆广告.psd
素材路径	素材\第7章\花朵.psd、花纹.psd、蝴蝶.psd、周年庆.psd、标志.psd

步骤01 选择"文件"|"新建"命令，打开"新建"对话框，设置文件名称为"饭店周年庆"，大小为16×13厘米，分辨率为120，如图7-52所示。

图7-53 填充前景色

图7-52 新建文件

步骤02 设置前景色为土红色（R57,G27，B3），按下【Alt+Delete】组合键填充颜色，如图7-53所示。

步骤03 使用椭圆选框工具 在图像中绘制一个椭圆形选区，如图7-54所示。

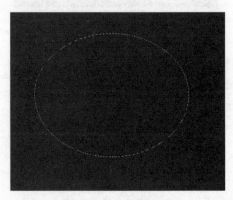

图7-54 绘制椭圆选区

步骤04 选择"选择"|"修改"|"羽化"命令,打开"羽化选区"对话框,设置参数为20(如图7-55所示),单击"确定"按钮,将选区填充为洋红色(R211,G56,B131),按【Ctrl+D】组合键取消选区,如图7-56所示。

图7-58 绘制选区

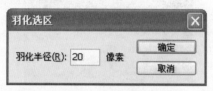

图7-55 羽化选区

步骤07 选择"选择"|"修改"|"羽化"命令,打开"羽化选区"对话框,设置参数为5,然后填充选区为白色,如图7-59所示。

图7-56 填充效果

步骤05 打开"花朵.psd"素材图像,使用移动工具将其拖动到当前编辑的图像中,按下【Ctrl+T】组合键适当调整大小后,放到画面右下角,如图7-57所示。

图7-59 填充选区

步骤08 在"图层"面板中设置该图层不透明度为30%,效果如图7-60所示。

图7-57 添加素材图像

步骤06 新建图层,选择多边形套索工具在图像中绘制一个选区,如图7-58所示。

图7-60 设置图层不透明度

步骤09 使用相同的方法绘制出其他几条白色直线,如图7-61所示。

图7-61 绘制其他直线

步骤 10 选择画笔工具，单击工具属性栏中的 按钮，打开"画笔"面板，选择"尖角"画笔，设置间距为216%，其他参数设置如图7-62所示。

步骤 11 选中"形状动态"复选框，设置大小抖动参数为100%，如图7-63所示。

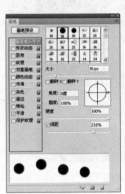

图7-62 选择画笔样式　　图7-63 设置形状动态

步骤 12 选中"散布"复选框，设置散布参数为1000%，其他参数设置如图7-64所示。

图7-64 设置参数

步骤 13 设置前景色为白色，使用设置好的画笔工具在图像中拖动鼠标，绘制出白色圆点图像，如图7-65所示。

图7-65 绘制圆点

步骤 14 选择"图层"|"新建调整图层"|"可选颜色"命令，进入"调整"面板，选择"洋红"，调整其参数（如图7-66所示），再分别选择"中性色"和"黑色"调整其参数，如图7-67和图7-68所示。

图7-66 调整洋红色　　图7-67 调整中性色

步骤 15 "图层"面板中将得到一个调整图层（如图7-69所示），图像效果如图7-70所示。

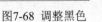

图7-68 调整黑色　　图7-69 "图层"面板

图7-70 图像效果

步骤16 选择横排文字工具在画面左侧输入数字"1",选择"图层"|"栅格化"|"文字"命令,将文字图层转换为普通图层,如图7-71所示。

图7-71 输入文字

步骤17 按住【Ctrl】键单击文字图层,载入图像选区,使用渐变工具为选区做线性渐变填充,设置颜色从橙色(R226,G149,B0)到淡黄色(R254,G250,B243)到橙色(R226,G149,B0),效果如图7-72所示。

图7-72 渐变填充

步骤18 打开"花纹.psd"素材图像,使用移

动工具将其移动到图像中,放到"1"图像上方,如图7-73所示。

图7-73 添加素材图像

步骤19 选择"图层"|"创建剪贴蒙版"命令,"1"周围多余的花纹图像将被隐藏,效果如图7-74所示。

图7-74 创建剪贴图层

步骤20 使用钢笔工具绘制一个花瓣图形(如图7-75所示),按下【Ctrl+Enter】组合键将路径转换为选区,选择渐变工具对其做径向渐变填充,设置颜色从橙色(R226,G149,B0)到淡黄色(R254,G250,B243)到橙色(R226,G149,B0),如图7-76所示。

图7-75 绘制图形

图7-76 渐变填充

步骤21 适当缩小花纹图像，放到"1"左下角，再复制一次对象，调整大小后，放到"1"右上角（如图7-77所示）。再打开"蝴蝶.psd"素材图像，将其放到"1"图像的左上角，如图7-78所示。

图7-77 缩小并复制图像

图7-78 添加素材图像

步骤22 双击选择"1"图像所在图层，打开"图层样式"对话框，选择"外发光"复选框，设置外发光颜色为白色，混合模式

为"滤色"，其余参数如图7-79所示。

步骤23 单击"确定"按钮，得到图像的外发光效果，如图7-80所示。

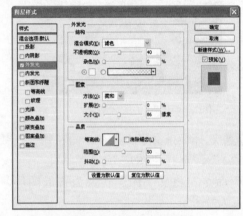

图7-79 设置外发光参数

图7-80 外发光效果

步骤24 打开"周年庆.psd"素材图像，使用移动工具将其放到"1"右侧，效果如图7-81所示。

图7-81 添加素材图像

步骤25 选择"图层"|"图层样式"|"投影"命令，打开"图层样式"对话框，设置投影颜色为深红色（R104,G0,B20），其余参数如图7-82所示。

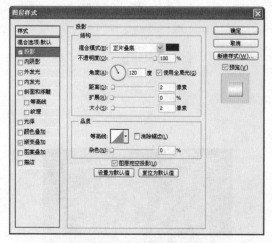

图7-82 设置投影参数

步骤26 选中"外发光"复选框，设置外发光颜色为白色，其余参数如图7-83所示；再选中"渐变叠加"复选框，设置渐变颜色从白色到黄色（R226,G149,B0），其余参数设置如图7-84所示，单击"确定"按钮，得到的图像效果如图7-85所示。

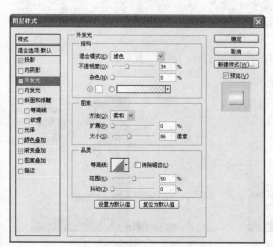

图7-83 设置外发光参数

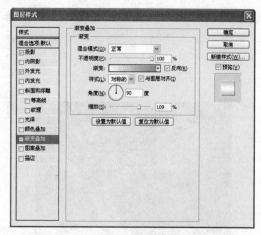

图7-84 设置渐变叠加参数

图7-85 图像效果

步骤27 选择横排文字工具，分别在图像中输入各类文字信息，颜色与字体可参照图7-86所示进行设置。

图7-86 输入文字

步骤 28 打开"标志.psd"素材图像，将其拖动到图像中，复制一次对象，调整大小后分别放到公司名称左侧和上方，如图7-87所示。

图7-87 添加标志图像

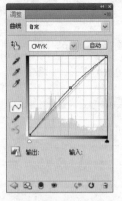

图7-88 调整曲线

步骤 29 选择"图层"|"新建调整图层"|"曲线"命令，打开"调整"面板，适当调整曲线，增加图像整体亮度（如图7-88所示），调整后的图像效果如图7-89所示，完成本实例的制作。

图7-89 最终效果

🔒 **技巧提示**

在制作平面广告时，画面中所选择的素材图像一定要与广告主题能很好的融合在一起。

实例108 书籍封面

本例将制作书籍封面图像，通过本实例的学习，读者可以掌握笔刷的设置和滤镜命令的具体操作，其操作流程如图7-90所示。

添加杂色　　　　　　　　　制作背景图像　　　　　　　　　最终效果

图7-90 操作流程图

技法解析

　　本实例所制作的书籍封面图像，首先结合滤镜命令和图层混合模式制作出背景图像，然后设置笔刷样式，绘制出黑色图像，最后添加文字和素材图像，完成操作。

	实例路径	实例\第7章\书籍封面.psd
	素材路径	素材\第7章\墨迹.jpg、墨迹2.psd、阁楼.jpg、条形码.jpg

步骤01 选择"文件"|"新建"命令，打开"新建"对话框，设置文件名称为"书籍封面"，大小为21×15厘米，分辨率为150，如图7-91所示。

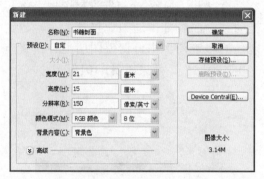

图7-91 新建文件

步骤02 设置前景色为淡黄色（R238,G228,B167），按【Alt+Delete】组合键填充颜色，如图7-92所示。

步骤03 按下【Ctrl+J】组合键复制背景图层，得到图层1（如图7-93所示），选择"滤镜"|"杂色"|"添加杂色"命令，打开"添加杂色"对话框，设置"数量"为6，其他选项设置如图7-94所示。

图7-92 填充背景颜色

图7-93 复制图层　　　　图7-94 添加杂色

步骤04 单击"确定"按钮后，在"图层"面板中设置图层1的图层混合模式为"浅色"，不透明度为95%，效果如图7-95所示。

图7-95 图像效果

步骤05 新建图层，填充为淡黄色（R238,G228,B167），选择"滤镜"|"渲染"|"光照效果"命令，打开"光照效果"对话框，在左侧的视图框中调整光照方向，然后设置各项参数，如图7-96所示。

步骤06 单击"确定"按钮，得到图像效果如图7-97所示，设置该图层的混合模式为"颜色加深"，不透明度为38%，得到的图像效果如图7-98所示。

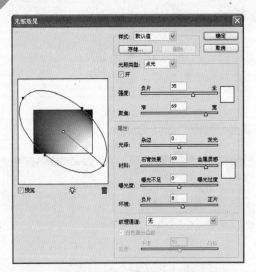

图7-96 "光照效果"对话框

图7-97 光照效果

图7-98 图像效果

步骤07 打开"墨迹.jpg"素材图像，使用移动工具将其拖动到当前编辑的图像中，适当调整其大小，放到画面底部，如图7-99所示。

图7-99 添加素材图像

步骤08 设置该图层混合模式为"正片叠底"，得到的图像效果如图7-100所示。然后再打开"墨迹2.psd"素材图像，将其拖动到画面底部，适当调整其大小，放到之前的墨迹图像中，调整图层混合模式为"正片叠底"，效果如图7-101所示。

图7-100 调整后的图像效果

图7-101 添加其他墨迹图像

步骤09 打开"阁楼.jpg"素材图像，使用移动工具将其拖动到图像中，放到画面右下方，如图7-102所示。

图7-102 添加素材图像

步骤10 单击"图层"面板底部的"添加图层蒙版"按钮 ，使用画笔工具在阁楼图像周围做涂抹，隐藏图像，如图7-103所示。

图7-103 隐藏图像

步骤11 设置该图层的混合模式为"颜色加深"，图像效果如图7-104所示。

图7-104 图像效果

步骤12 按【Ctrl+J】组合键复制图层，设置新图层的图层混合模式为线性光，不透明度为28%，效果如图7-105所示。

图7-105 图像效果

步骤13 新建图层，选择矩形选框工具在图像中间绘制一个矩形选区，填充为黑色，如图7-106所示。

图7-106 绘制黑色矩形

步骤14 新建图层，选择画笔工具，打开"画笔"面板，设置画笔样式为"粉笔"，大小为100（如图7-107所示），在黑色矩形右侧从上到下拖动鼠标，制作出粉笔刷图像效果，如图7-108所示。

图7-107 设置画笔

图7-108 粉笔刷图像效果

步骤15 新建图层，选择套索工具在封面图像中手动绘制一个不规则选区，填充为红色（R246,G3,B37），如图7-109所示。

图7-109 绘制图像

步骤16 设置该图层的混合模式为"正片叠底"，得到的图像效果如图7-110所示。

图7-110 图像效果

步骤17 选择套索工具，在刚刚绘制的图像中再次手动绘制一个不规则选区，填充为红色（R246,G3,B37），如图7-111所示。

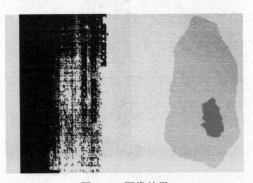

图7-111 图像效果

步骤18 选择横排文字工具 T ，在封面中输入"书名"，分别选择每一个文字，调整其大小、字体、颜色等参数，效果如图7-112所示。

图7-112 输入文字

步骤19 选择直排文字工具 IT ，在画面中输入两行说明文字和作者姓名，并适当调整大小和字体，效果如图7-113所示。

图7-113 输入直排文字

步骤20 选择画笔工具，打开"画笔"面板，选择"大涂抹炭笔"样式，如图7-114所示。

图7-114 设置画笔样式

步骤21 设置前景色为红色（R246,G3,B37），在中间的书脊图像中从上到下拖动鼠标，得到如图7-115所示的效果。

图7-115 绘制图像

步骤22 选择圆角矩形工具 ▢，在工具属性栏中设置半径为10，然后在书脊中绘制出圆角矩形，按下【Ctrl+T】组合键，旋转图像45度，如图7-116所示。

图7-116 绘制圆角矩形

步骤23 按下【Ctrl+Enter】组合键将路径转换为选区，填充为红色（R246,G3,B37），然后适当缩小图像，效果如图7-117所示。

图7-117 填充选区

步骤24 分别使用横排文字工具 ⊤ 和直排文字工具 ⊺，在书脊图像中输入作者姓名和书名，效果如图7-118所示。

图7-118 输入文字

步骤25 打开"条形码.jpg"素材图像，使用移动工具将其拖动到当前编辑的图像中，适当调整其大小和位置，完成本实例的制作，最终效果如图7-119所示。

图7-119 最终效果

🔒 技巧提示

在图像中输入文字后，可以选择"图层"|"文字"命令，在子菜单中选择"垂直"或"水平"选项改变文字方向。

实例109 钻石广告

　　本例将制作一个钻石广告，通过本实例的学习，读者可以掌握画笔工具和文字工具的具体使用方法，其操作流程如图7-120所示。

绘制天使图像　　　　　　　制作透明效果　　　　　　　　最终效果

图7-120 操作流程图

 技法解析

　　本实例所制作的钻石广告，首先通过渐变工具对图像应用径向渐变填充，得到背景图像，然后结合钢笔工具和画笔工具的使用制作出天使图像，最后添加素材图像和文字，完成操作。

	实例路径	实例\第7章\钻石广告.psd
	素材路径	素材\第7章\戒指1.psd、戒指2.psd

步骤01 选择"文件"|"新建"命令，打开"新建"对话框，设置文件名称为"钻石广告"，大小为20×14厘米，分辨率为150，如图7-121所示。

步骤02 设置前景色为深红色（R33,G5,B7），按下【Alt+Delete】组合键填充背景图层，填充后的效果如图7-122所示。

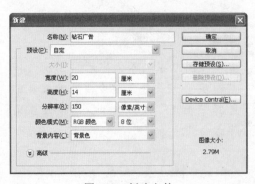

图7-121 新建文件

图7-122 填充背景图层

步骤03 选择矩形选框工具，在图像中绘制一个矩形选区，再选择渐变工具为选区应用径向渐变填充，设置颜色从浅红色（R154,G110,B100）到黑色，填充效果如图7-123所示。

图7-123 渐变填充

步骤04 按【Ctrl+D】组合键取消选区。打开"戒指1.psd"素材图像，使用移动工具拖动该图像到当前编辑图像中，放到画面右侧，并适当调整大小，如图7-124所示。

图7-124 添加素材图像

步骤05 使用钢笔工具绘制一个天使图形（如图7-125所示），然后再绘制出它的翅膀图像，如图7-126所示。

步骤06 新建图层，按下【Ctrl+Enter】组合键将路径转换为选区，填充为白色，如图7-127所示。

图7-125 绘制天使图形

图7-126 绘制翅膀图形

图7-127 填充图像

步骤07 在"图层"面板中设置该图层的不透明度为40%，得到透明图像，效果如图7-128所示。

步骤08 设置前景色为粉红色（R250,G215,B218），选择画笔工具，设置画笔样式为柔角，大小为6（如图7-129所示），在天使图像中绘制出圆点图像，效果如图7-130所示。

图7-128 透明效果

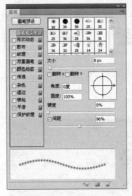

图7-131 设置画笔

图7-132 设置形状动态

步骤11 选中"散布"复选框，设置散布参数为1000%，再选中"两轴"复选框，如图7-133所示。

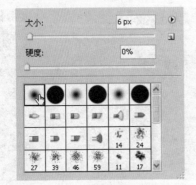

图7-129 设置画笔

图7-133 设置散布参数

步骤12 设置好画笔后，在天使图像后面拖动鼠标，绘制出光点图像，然后调整图像位置，效果如图7-134所示。

图7-130 绘制圆点图像

步骤09 单击画笔工具属性栏中的 ▣ 按钮，打开"画笔"面板，设置画笔大小为8，间距为96%，如图7-131所示。

步骤10 选中"形状动态"复选框，设置大小抖动参数为78%，如图7-132所示。

图7-134 绘制光点图像

步骤 13 选择自定形状工具 ，在工具属性栏中打开"形状"面板，选择"红心形卡"图形，如图7-135所示。

图7-135 选择图形

步骤 14 新建图层，按住【Shift】键绘制心形，如图7-136所示。

图7-136 绘制心形

步骤 15 按下【Ctrl+Enter】组合键将路径转换为选区，填充为白色，如图7-137所示。

图7-137 填充选区

步骤 16 选择"选择"|"变换选区"命令，按住【Shift+Alt】组合键中心等比例缩小变换框，如图7-138所示。

图7-138 变换选区

步骤 17 在变换框中双击鼠标左键确定变换，按下【Delete】键删除图像，效果如图7-139所示。

图7-139 删除图像

步骤 18 按【Ctrl+T】组合键缩小图像，将其放到图像左上方，并使用横排文字工具输入文字，如图7-140所示。

图7-140 输入文字

步骤 19 选择横排文字工具在图像中输入其他说明文字，字体可按照自己喜好设置，如图7-141所示。

图7-141 输入其他文字

步骤 20 打开"戒指2.psd"素材图像，使用移动工具将图像拖动到当前编辑的图像中，放到画面的左下角，如图7-142所示。

图7-142 添加素材图像

步骤 21 使用横排和直排文字工具分别在戒指旁边输入戒指名称，如图7-144所示。

图7-143 最终效果

技巧提示

　　文字工具属性栏中只包含了部分字符属性控制参数，用户可以在"字符"面板中对文字做详细的调整，其中集成了所有的参数控制，不但可以设置文字的字体、字号、颜色等，还可以设置字符间距、垂直和水平缩放，以及是否加粗、加下画线、加上标等。

实例110 文化节宣传海报

　　本例将制作一个文化节宣传海报，通过本实例的学习，读者可以掌握套索工具和图层蒙版的具体操作方法，其操作流程如图7-144所示。

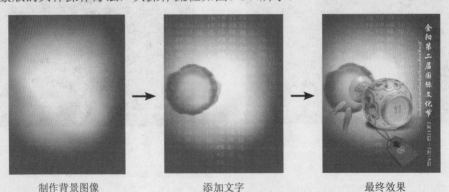

制作背景图像　　　　　　添加文字　　　　　　最终效果

图7-144 操作流程图

技法解析

　　本实例所制作的文化节宣传海报，首先通过羽化选区操作制作背景图像，然后添加文字及素材图像，并使其自然的融合在背景图像中，最后添加其他素材图像和文字，完成操作。

实例路径	实例\第7章\文化节宣传海报.psd
素材路径	素材\第7章\晕染.psd、福1.psd、福2.psd、花瓶.psd、鱼.psd、福袋.psd

步骤01 选择"文件"|"新建"命令，打开"新建"对话框，设置文件名称为"文化节宣传海报"，大小为20×26厘米，分辨率为80，如图7-145所示。

图7-145 新建文件

步骤02 设置前景色为红色（R175,G0,B28），按下【Alt+Delete】组合键填充背景图层，效果如图7-146所示。

图7-146 填充背景

步骤03 新建图层，选择套索工具，在工具属性栏中设置羽化值为10，然后在图像中按住鼠标拖动，绘制出一个较圆的选区，如图7-147所示。

图7-147 绘制选区

步骤04 设置前景色为黄色（R243,G244,B184），按下【Alt+Delete】组合键对选区做填充，效果如图7-148所示。

图7-148 填充选区

步骤05 新建图层，选择"选择"|"变换选区"命令，这时选区四周将出现变换框，按住【Ctrl+Alt】组合键向外拖动任意一个角，适当放大变换框，将选区扩大，如图7-149所示。

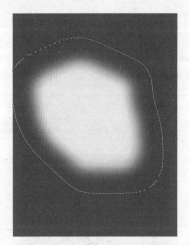

图7-149 扩大选区

步骤06 设置前景色为淡黄色（R255，G255，B229），按下【Alt+Delete】组合键对选区做填充，然后设置该图层的图层不透明度为40%，效果如图7-150所示。

图7-150 选区效果

技巧提示

在绘图过程中，常常需要对编辑的选区进行隐藏，以方便对目前图像的编辑状态进行查看。此时按下【Ctrl+H】组合键可以隐藏选区；再次按下【Ctrl+H】组合键，则可显示选区。

步骤07 打开"晕染.psd"素材图像，使用移动工具将其拖动到当前编辑的图像中，放到画面中间（如图7-151所示），然后设置该图层的图层混合模式为"正片叠底"，图像效果如图7-152所示。

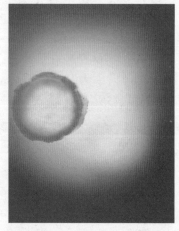

图7-151 添加素材图像

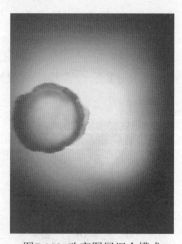

图7-152 改变图层混合模式

步骤08 打开"福1.psd"素材图像，拖动文字到图像中，适当调整图像大小，如图7-153所示。

步骤09 设置该图像的图层混合模式为"柔光"，不透明度为53%（如图7-154所示），再打开"福2.psd"素材图像，将其放到图像中，如图7-155所示。

图7-153 添加素材图像

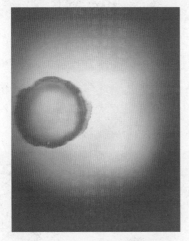

图7-154 更改图层混合模式

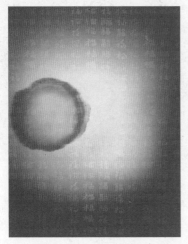

图7-155 添加素材图像

步骤10 设置"福2"图像所在图层的混合模式为"柔光"，单击"图层"面板底部的"添加图层蒙版"按钮，为该图层添加图层蒙版，然后选择画笔工具对图像周边做涂抹，隐藏部分文字图像，效果如图7-156所示。

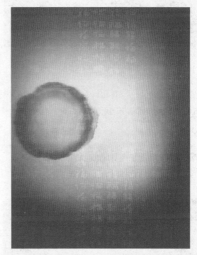

图7-156 图像效果

步骤11 打开"花瓶.psd"素材图像，将其拖动到图像中，如图7-157所示。

图7-157 添加素材图像

步骤12 新建图层，选择椭圆选框工具，在花瓶底部绘制一个选区，如图7-158所示。

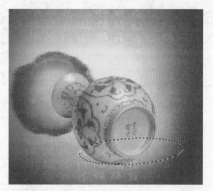

图7-158 绘制选区

步骤13 在选区中单击鼠标右键，在弹出的快捷菜单中选择"羽化"命令，打开"羽化选区"对话框，设置半径为15，然后填充选区为暗红色（R137,G31,B33），如图7-159所示。

图7-159 填充选区

步骤14 单击"图层"面板底部的"添加图层蒙版"按钮，使用画笔工具对阴影右侧图像做涂抹，效果如图7-160所示。

图7-160 添加蒙版效果

步骤15 分别打开"鱼.psd"、"福袋.psd"素材图像，使用移动工具将其拖动到当前编辑的图像中，效果如图7-161所示。

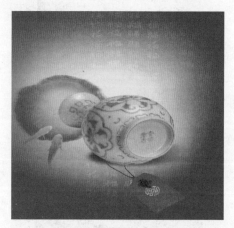

图7-161 添加其他素材图像

步骤16 选择多边形套索工具，分别为"金鱼"和"福袋"图像绘制选区，并参照步骤13和步骤14的方式为图像制作出投影效果，效果如图7-162所示。

图7-162 制作投影效果

步骤17 使用直排文字工具在图像右侧输入几行文字，并在工具属性栏中设置字体相关属性，如图7-163所示。

图7-163 最终效果

实例111 瑜伽馆海报

本例将制作一个瑜伽馆广告，通过本实例的学习，读者可以掌握形状工具面板和图层蒙版的具体操作，其操作流程如图7-164所示。

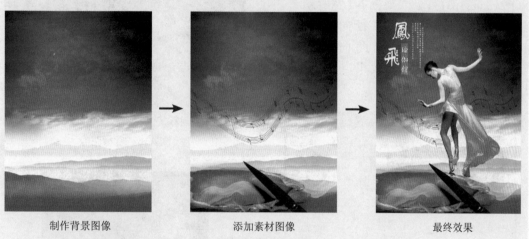

制作背景图像　　　　　　　　添加素材图像　　　　　　　　最终效果

图7-164 操作流程图

技法解析

本实例所制作的瑜伽馆海报，在制作背景图像时，运用了为图像添加图层蒙版的方式，将图像自然的融合。

实例路径	实例\第7章\瑜伽馆海报.psd
素材路径	素材\第7章\天空.jpg、蓝天白云.jpg、墨盘.psd、人物.psd等

步骤01 选择"文件"|"新建"命令，打开"新建"对话框，设置文件名称为"瑜伽馆海报"，大小为15×20厘米，分辨率为200像素/英寸，其他设置如图7-165所示。

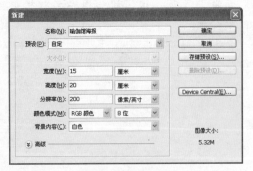

图7-165 新建文件

步骤02 选择渐变工具 ，在工具属性栏中单击渐变条，打开"渐变编辑器"对话框，设置渐变颜色从深紫色（R72,G22,B49）到淡紫色（R213,G81,B131）（如图7-166所示），然后按下属性栏中的"径向渐变"按钮，将光标从画面左上角向右下角拖动，得到径向渐变填充效果，如图7-167所示。

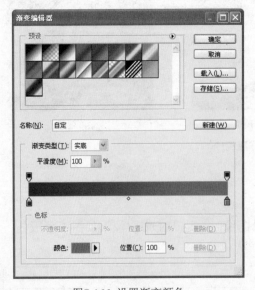

图7-166 设置渐变颜色

图7-167 填充图像颜色

步骤03 选择"文件"|"打开"命令打开"天空.jpg"素材图像（如图7-168所示），使用移动工具将图像直接拖动到当前编辑窗口中，放到画面上方，这时"图层"面板中自动建立图层1，如图7-169所示。

图7-168 素材图像

图7-169 添加素材图像

步骤04 按下【Ctrl＋Shift＋U】组合键将图像去色，然后设置图层1的图层混合模式为"叠加"（如图7-170所示），得到的图像效果如图7-171所示。

中，适当调整大小后放到画面的下方，如图7-173所示。

图7-170 设置图层混合模式

图7-172 图层蒙版效果

图7-171 图像效果

图7-173 添加素材图像

步骤05 单击"图层"面板底部的"添加图层蒙版" 按钮，为图层1应用图层蒙版。使用画笔工具 ，在图像下方适当涂抹，将天空图像与背景图像自然的融合在一起，效果如图7-172所示。

步骤06 打开"蓝天白云.jpg"素材图像，使用移动工具将图像直接拖动到当前文件

步骤07 在"图层"面板中自动对蓝天白云图像命名为图层2。设置图层2的图层混合模式为"明度"，然后对其添加图层蒙版，隐藏图像顶部与背景融合的部分（如图7-174所示），这时"图层"面板中的蒙版状态如图7-175所示。

PART 07

图7-174 调整图像效果

图7-176 素材图像

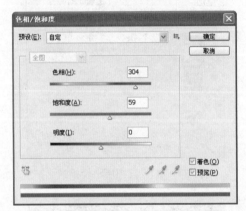

图7-177 调整色相/饱和度

图7-175 蒙版状态

步骤10 单击"确定"按钮即可得到调整颜色后的图像，将该图像移动到当前编辑窗口中，放到画面的下方，如图7-178所示。

技巧提示

　　在Photoshop CS5中提供了27种图层混合模式，主要是用来设置图层中的图像与下面图层中的图像像素进行色彩混合的方法，设置不同的混合模式，所产生的效果也不同。

图7-178 移动图像

步骤08 打开"墨盘.psd"素材图像，如图7-176所示。

步骤09 选择"图像"|"调整"|"色相/饱和度"，打开"色相/饱和度"对话框，选中"着色"复选框，然后调整参数为304、59、0，如图7-177所示。

步骤11 选择"图层"|"图层样式"|"投影"命令，打开"图层样式"对话框，设置投影颜色为黑色，其余参数设置如图7-179所示。

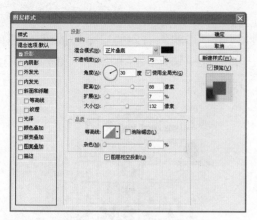

图7-179 设置投影参数

步骤12 设置好投影参数后，单击"确定"按钮，得到图像的投影效果，如图7-180所示。

图7-180 投影效果

步骤13 打开"云烟.psd"、"毛笔.psd"素材图像（如图7-181、图7-182所示）。分别将这两个素材图像放到当前文件画面的下方，如图7-183所示。

图7-181 云烟图像

图7-182 毛笔图像

图7-183 调整图像位置

步骤14 选择云烟图像图层，将图层"不透明度"调整为50％，然后再复制一次毛笔图层，并将毛笔图像下移，如图7-184所示。

图7-184 复制图像

步骤15 选择"滤镜"|"模糊"|"高斯模糊"命令，打开"高斯模糊"对话框，设置"半径"为10，如图7-185所示。

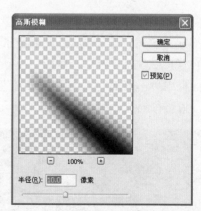

图7-185 设置模糊参数

步骤16 单击"确定"按钮回到画面中，使用橡皮擦工具 擦除遮住墨盘的图像，效果如图7-186所示。

图7-186 模糊效果

步骤17 新建图层，使用钢笔工具在画面中绘制曲线路径（如图7-187所示），作为曲谱图像的路径。

图7-187 绘制曲线

步骤18 选择画笔工具，在工具属性栏中设置画笔样式为柔角，大小为3。设置前景色为深红色（R72,G22,B49），然后切换到"路径"面板中单击底部的"用画笔描边"按钮，为路径描边，效果如图7-188所示。

图7-188 描边路径

步骤19 选择自定形状工具，单击工具属性栏中"形状"右侧的三角形按钮，在弹出的面板中选择"四分音符"图形，如图7-189所示。

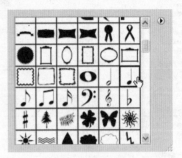

图7-189 选择图形

步骤20 按下工具属性栏中的"形状图层"按钮，然后在曲谱路径图像中绘制音符（如图7-190所示），然后参照绘制曲谱和音符的方法，绘制出整个曲谱图像，如图7-191所示。

图7-190 绘制音符图形

图7-191 绘制整个曲谱图像

步骤 21 选择所有曲谱和音符图层，按下
【Ctrl＋E】组合键将其合并成一个图层，
并设置图层混合模式为"强光"，得到的
图像效果如图7-192所示。

图7-192 图像效果

步骤 22 打开"人物.psd"素材图像，将图像
拖动到当前文件中，适当调整大小后放到
如图7-193所示的位置。

图7-193 添加素材图像

步骤 23 使用直排文字工具 **T** 在画面左上
方输入一段文字，并设置字体为"文
鼎行楷"，颜色为淡黄色（R219,G240,
B173），如图7-194所示。

图7-194 输入文字

步骤 24 新建图层，在文字下面绘制一个矩形
选区，填充为白色，然后设置其图层不透
明度为30％，如图7-195所示。

图7-195 绘制矩形

步骤 25 在透明矩形中输入文字"瑜伽馆"，
并在工具属性栏中设置字体为方正黄草箭
头，颜色为白色，如图7-196所示。

图7-196 输入文字

步骤26 使用横排文字工具在瑜伽馆上方和左侧分别输入"凤"和"飞"文字，在工具属性栏中设置字体为方正新舒体繁体，颜色为白色，效果如图7-197所示。

步骤27 双击抓手工具，显示所有图像，完成实例的制作，最终效果如图7-198所示。

图7-197 输入文字

图7-198 最终效果

技巧提示

在设计广告画面时，设计者的设计版面决定别人观看作品时间的长短，只有别人的注意力在作品中停留更长的时间，信息才能有效沟通。如果设计者的作品不能引起别人的注意，其他一切都是无意义的。

实例112 手机广告

本例将制作一个手机宣传广告，通过本实例的学习，读者可以掌握Photoshop中多种工具的具体使用方法，其操作流程如图7-199所示。

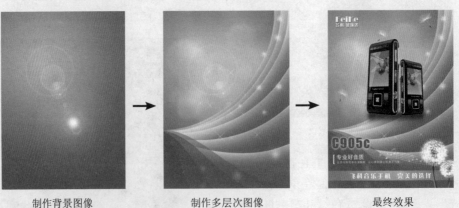

制作背景图像　　　　　　制作多层次图像　　　　　　最终效果

图7-199 操作流程图

技法解析

　　本实例所制作的手机广告，首先通过钢笔工具、渐变工具和"镜头光晕"滤镜等制作出背景图像，然后再添加素材图像和文字，并对文字和素材应用投影和外发光效果，完成操作。

实例路径	实例\第7章\手机广告.psd
素材路径	素材\第7章\手机.psd、音符.psd、蒲公英.psd、花瓣.psd

步骤01　选择"文件"|"新建"命令，打开"新建"对话框，设置名称为"飞科音乐手机"，设置宽度为18厘米、高度为25厘米、分辨率为100，单击"确定"按钮，如图7-200所示。

图7-202　设置渐变颜色

图7-200　新建文件

步骤02　选择渐变工具▇，在工具属性栏中选择"径向渐变"选项，其余设置为默认状态（如图7-201所示）。单击渐变色条，打开"渐变填充"对话框，设置渐变颜色从淡紫色（R198,G177,B213）到深紫色（R135,G105,B160），如图7-202所示。

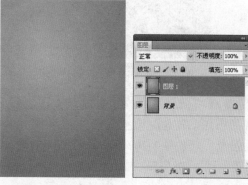

图7-203　填充图像　　图7-204　复制背景图层

图7-201　渐变工具属性栏

步骤03　将鼠标放到画面中上方，按住鼠标左键向右下角拖动，为图像做渐变径向渐变填充（如图7-203所示）；然后按下【Ctrl+J】组合键，复制背景图层，得到图层1，如图7-204所示。

步骤04　选择"滤镜"|"渲染"|"镜头光晕"命令，打开"镜头光晕"对话框，设置"亮度"为85％，然后再选择镜头的类型（如图7-205所示）。单击"确定"按钮后，在"图层"面板中设置图层混合模式为"正片叠底"，得到较暗的图像效果，如图7-206所示。

图7-205 设置镜头光晕

图7-206 改变图层混合模式后的效果

步骤05 在"图层"面板中复制一次图层1，得到图层1副本，设置其图层混合模式为"强光"（如图7-207所示），得到的图像效果如图7-208所示。

图7-207 复制图层

图7-208 图像效果

步骤06 新建图层，选择椭圆选框工具按住【Shift】键在画面中绘制出4个不同大小的圆形选区（如图7-209所示），将鼠标放到选区中单击鼠标右键，在弹出的快捷菜单中选择"羽化"命令，打开"羽化选区"对话框，设置羽化半径为10，并将选区填充为黄色（R235,G235,B135），如图7-210所示。

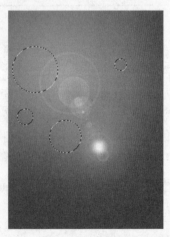

图7-209 绘制选区

步骤07 使用相同的操作，绘制多个圆形选区，羽化后分别填充蓝色（R137,G170,B226）、紫色（R130,G70,B220）和淡红色（R210,G170,B220），效果如图7-211所示。

图7-210 填充选区

图7-211 绘制其他圆形

步骤08 单击"图层"面板底部的"添加图层蒙版"█按钮，为该图层添加蒙版。选择画笔工具，在工具属性栏中设置笔触为柔角，大小为200。在图像中拖动鼠标涂抹绘制的彩色圆形图像，如图7-212所示。

图7-212 涂抹圆形

步骤09 选择钢笔工具，在画面中绘制一个梯形路径（如图7-213所示），选择转换点工具分别选择梯形斜线的两个端点进行拖动，将其编辑为一条弧线，如图7-214所示。

图7-213 绘制路径

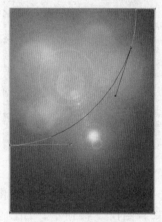

图7-214 编辑路径

步骤10 单击"路径"面板底部的"转换路径为选区"按钮 █ ，得到图像选区，新建图层3，设置前景色为紫红色（R96,G48,B119），按下【Alt+Delete】组合键为选区填充颜色，如图7-215所示。

步骤11 保持选区状态，设置前景色为白色。选择画笔工具，设置笔尖为柔角，大小为200，不透明度为60%，然后在弧形图像边缘拖动鼠标，添加白色边缘图像，如图7-216所示。

图7-215 填充选区

图7-218 设置图层不透明度

步骤**13** 按下【Ctrl＋T】组合键，适当调整图
像大小，在操作过程中可以按住【Ctrl】键
做斜切等操作，如图7-219所示。

图7-216 添加白色边缘

图7-219 变换图像

步骤**12** 选择图层3，按住鼠标左键将其拖动
到"创建新图层"按钮上，如图7-217所
示。松开鼠标，得到图层3副本，设置图层
不透明度为70%，如图7-218所示。

步骤**14** 参照前两步的操作方法，复制多个
图像，并做自由变换，变换后的图像可以
适当调整其图层不透明度，直至得到如图
7-220所示的效果。

图7-217 复制图层

图7-220 复制图像

除了使用"自由变换"命令外，还可以选择"图像"|"变换"命令，在打开的子菜单中选择所需的变换命令进行单一变换操作。

步骤15 新建图层，设置图层混合模式为"柔光"。然后按住【Ctrl】键单击图层3，也就是第一个梯形图像，载入该图像选区，设置前景色为紫红色（R96,G48,B119），然后使用画笔工具在选区中进行大面积的涂抹，填充效果如图7-221所示。

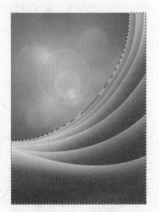

图7-221 涂抹图像

步骤16 新建图层，使用钢笔工具在画面下方绘制一个曲线路径图形（如图7-222所示），按下【Ctrl＋Enter】组合键将路径转换为选区，填充为深紫色（R102,G53,B105），效果如图7-223所示。

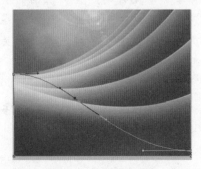

图7-222 绘制曲线路径

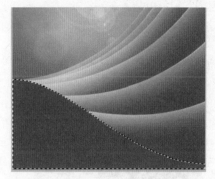

图7-223 填充选区

步骤17 选择加深工具，设置画笔大小为100，在选区边缘处拖动鼠标，对部分图像做加深处理（如图7-224所示），设置该图层的不透明度为40%，得到较为透明的图像效果，如图7-225所示。

图7-224 加深图像

图7-225 调整透明度后的效果

步骤18 复制一次图层5，按【Ctrl＋T】组合键对其应用自由变换操作，然后多次复制图层5图像，对每一个复制对象都应用变换操作，并适当调整图像不透明度，效果如图7-226所示。

图7-226 复制并变换图像

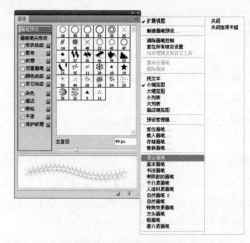

图7-228 设置画笔样式

步骤19 新建图层，选择"画笔工具"，设置笔尖为柔角45，在画面中多个地方单击鼠标左键，绘制出点缀的白色圆点图像（如图7-227所示）。然后再次设置画笔属性，单击画笔属性栏右侧的"切换画笔"按钮 ，打开"画笔"面板，单击面板右上角的三角形按钮 ，在弹出的菜单中选择"混合画笔"命令，选择"星爆－大"样式，如图7-228所示。

图7-229 添加蒙版效果

图7-227 绘制白色圆点

步骤20 分别调整画笔的大小，在画面中的白色圆点中单击。为该图层添加图层蒙版，选择渐变工具从图像左下角向右上方拖动，使圆点图像有颜色层次的变化，效果如图7-229所示。

技巧提示

　　每一个优秀的广告，在画面中都充满了令人羡慕的创意。所以，在设计广告之前，要多了解与产品相关的东西。

步骤21 打开"画笔"面板，在其中选择"交叉排线"画笔，在画面中单击鼠标，绘制出交叉图像，如图7-230所示。

图7-230 绘制图像

图7-232 变换手机图像

步骤 22 新建图层，选择矩形选框工具在画面下方绘制一个矩形选区，将选区填充为白色，然后设置该图层的不透明度为55%，效果如图7-231所示。

步骤 24 复制一次手机图像，选择"编辑"|"变换"|"水平翻转"命令，将手机图像水平翻转，再适当缩小图像，效果如图7-233所示。

图7-231 绘制矩形

图7-233 复制并翻转图像

步骤 23 打开"手机.psd"素材图像，使用移动工具将手机图像拖动到当前编辑的文件中，选择"编辑"|"变换"|"扭曲"命令，将出现自由变换框，使用鼠标左键按住变换框左上角的控制柄向右下方略微拖动，拖动到合适的位置后，在变换框中双击鼠标左键结束变换，如图7-232所示。

步骤 25 打开"音符.psd"素材图像，使用移动工具将其拖动到当前编辑的图像中选择横排文字工具在音符图像前面输入文字，填充文字为白色，并设置字体为黑体，适当调整文字的大小，然后在文字前面再输入一个"["符号，如图7-234所示。

图7-234 输入文字

步骤26 在渐变矩形条中输入文字，然后再在其上方输入一行英文文字，选择"图层"|"图层样式"|"外发光"命令，打开"图层样式"对话框中设置外发光颜色为"淡紫色"（R227,G205,B233），其他参数设置如图7-235所示，单击"确定"按钮得到发光字效果，如图7-236所示。

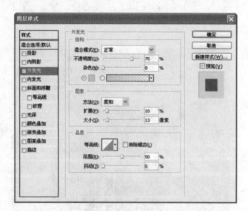

图7-235 设置外发光参数

图7-236 文字效果

步骤27 在画面左上方输入一行英文和一行中文文字，双击该文字图层打开"图层样式"对话框，选中"投影"复选框，设置投影颜色为黑色，其他参数设置如图7-237所示，单击"确定"按钮，得到投影文字效果，如图7-238所示。

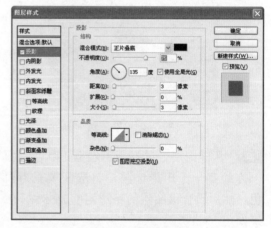

图7-237 设置投影参数

图7-238 投影效果

步骤28 打开"蒲公英.psd"素材图像，使用移动工具将其拖动到当前编辑的文件中，复制一次蒲公英图像，然后适当调整图像大小，并将其放到画面右下方，如图7-239所示。

图7-239 添加素材图像

步骤29 打开"花瓣.psd"素材图像，使用"移动工具"将其拖动到当前编辑的文件窗口中。复制两次花瓣图像，然后适当调整图像大小，再旋转图像，放到画面中不同的位置，如图7-240所示。

图7-240 添加花瓣图像

技巧提示

当用户需要移动图像时，按下【V】键可以快速选择工具箱中的移动工具，当用户在移动背景层时，系统会提示"不能完成请求，因为图层已锁定"，表示不能移动背景图层。

步骤30 新建图层，选择矩形选框工具，在工具属性栏中设置羽化为15，然后在手机图像下方绘制一个矩形选区（如图7-241所示），填充选区为黑色，完成本实例的绘制，如图7-242所示。

图7-241 绘制羽化选区

图7-242 填充颜色

实例113 自行车广告

本例将制作一个自行车宣传广告，通过本实例的学习，读者可以掌握Photoshop中多种工具的具体使用技巧，其操作流程如图7-243所示。

素材图像　　　　　　　制作标志　　　　　　　最终效果

图7-243 操作流程图

 技法解析

本实例所制作的自行车报纸广告设计，在制作过程中运用了蒙版效果制作背景，并通过文字组合的形式完成整个设计的制作。

	实例路径	实例\第7章\自行车广告.psd
	素材路径	素材\第7章\赛车.jpg

步骤01 选择"文件"|"新建"命令，打开"新建"对话框，在对话框中设置文件名为"飞驰"，尺寸为17×12厘米，分辨率为200像素/英寸，其余设置如图7-244所示。

步骤02 设置前景色为灰蓝色（R153,G176, B190），然后按下【Alt+Delete】组合键填充背景颜色，如图7-245所示。

图7-245 填充背景

步骤03 打开"赛车.jpg"素材图像（如图7-246所示）。按住鼠标左键将其拖动到报纸广告图像文件中，得到图层1，这时的图像效果如图7-247所示。

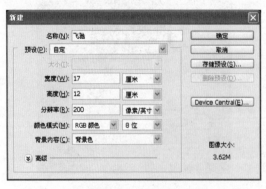

图7-244 新建文件

图7-246 打开素材图像

图7-249 更改图层混合模式后的效果

步骤06 新建图层2。选取椭圆选框工具 ，按住【Shift】键绘制一个正圆形，并为其填充白色，放到如图7-250所示的位置。

图7-247 图像效果

步骤04 单击"图层"面板底部的"添加图层蒙版"按钮 ，为图层1做蒙版效果。选取画笔工具，设置前景色为黑色、背景色为白色的情况下，对人物图像进行涂抹，效果如图7-248所示。

图7-250 绘制圆形

步骤07 使用钢笔工具 ，绘制如图7-251所示的路径，然后按【Ctrl+T】组合键，适当调整路径的大小后，将其放到白色圆形中，如图7-252所示。

图7-248 为图层做蒙版效果

步骤05 切换到"图层"调板中，设置图层混合模式为"亮度"，不透明度为60%，效果如图7-249所示。

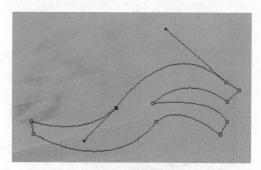

图7-251 绘制路径

图7-252 调整路径大小位置

步骤08 回到"路径"面板中，单击面板底部的"将路径作为选区载入"按钮 ⚪ ，这时的路径将转换为选区，按【Delete】键，删除选区中的白色部分，得到如图7-253所示的图形。

图7-253 删除选区中的白色

步骤09 使用横排文字工具在图形后面输入文字"GIANT"，并设置字体为黑体，颜色为白色，适当调整大小后放到如图7-254所示的位置。这时"图层"面板将自动生成一个文字图层。

图7-254 输入文字

步骤10 在"GIANT"的下方输入一排文字"捷特安 www.giant－bicycies.com"，设置字体为方正美黑简体，颜色为白色，如图7-255所示。

图7-255 输入文字

步骤11 接下来绘制一个注册商标标志。新建图层3，用椭圆选区工具绘制一个正圆形，执行"编辑"|"描边"命令，打开"描边"对话框，在对话框中设置描边颜色为白色，宽度为8（如图7-256所示），单击"确定"按钮，得到的图像效果如图7-257所示。

图7-256 设置描边参数

图7-257 描边圆形

步骤12 在圆圈中输入大写英文字母：R，并适当调整字母的大小与圆圈之间的距离，如图7-258所示。

图7-258 输入英文字母

步骤13 在"图层"面板中链接图层3和英文文字图层。按下【Ctrl+T】组合键调整其大小及位置，放到如图7-259所示的位置。

图7-259 调整注册商标标志的位置及大小

步骤14 输入如图7-260所示的文字，并参照示意图调整字体的大小、间距等。调整完成后将其放到如图7-261所示的位置。

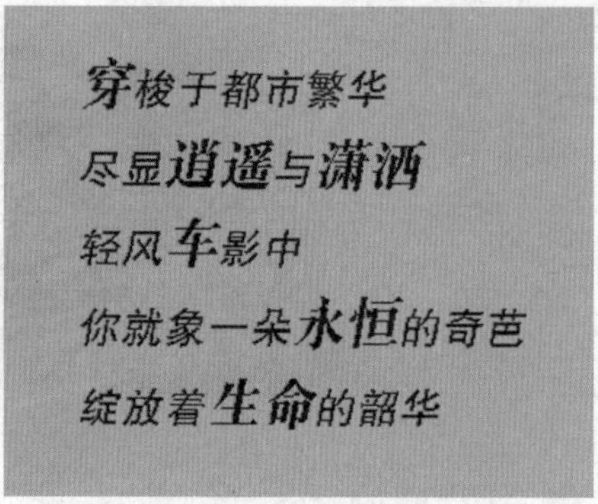

穿梭于都市繁华
尽显逍遥与潇洒
轻风车影中
你就象一朵永恒的奇芭
绽放着生命的韶华

图7-260 输入文字

图7-261 调整文字位置

步骤15 新建图层4。使用矩形选框工具绘制一个矩形选区。再用渐变工具对选区做线性渐变填充，设置渐变色为从黑色到透明，在"图层"面板中设置矩形的不透明度为50%得到如图7-262所示的效果。

图7-262 矩形半透明效果

步骤16 复制图层4，得到图层4副本。执行"编辑"|"自由变换"命令，在出现的自由变换框中单击鼠标右键，在弹出的快捷菜单中选择"水平翻转"命令，然后再适当调整图形的位置，如图7-263所示。

图7-263 变换后的效果

步骤17 使用横排文字工具在图像中输入文字"生活可以更美好"，设置字体为方正行楷，颜色为黑色，并将其放到如图7-264所示的位置。

图7-264 输入文字

步骤18 新建图层5。在画面底部绘制一个矩形，并填充颜色为深蓝色（R64,G107,B121），然后在"图层"面板中设置图层的不透明度为50%，得到的图像效果如图7-265所示。

图7-265 图像效果

步骤19 在底部图形中输入文字，设置字体为方正隶书简体、颜色为白色，完成本实例操作，最终效果如图7-266所示。

图7-266 最终效果

实例114 添加卧室光照效果

本实例将为效果图添加光照效果，通过本实例的学习，读者可以掌握如何为效果图添加灯带和光晕的方法。其操作流程如图7-267所示。

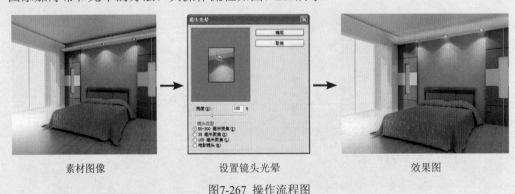

素材图像　　　　　　设置镜头光晕　　　　　　效果图

图7-267 操作流程图

本实例所制作的灯带和光晕效果，首先在"拾色器（前景色）"对话框中设置好颜色，然后通过椭圆选框工具和"镜头光晕"滤镜制作出光照效果。

实例路径	实例\第7章\添加卧室光照效果.psd
素材路径	素材\第7章\卧室.jpg

步骤01 按下【Ctrl+O】组合键，打开"卧室.jpg"文件（如图7-268所示），我们将为该图像制作灯带和光晕效果。

图7-270 设置前景色

步骤04 选择画笔工具，沿着选区下边缘行涂抹，制作出晕黄色的灯带效果，如图7-271所示。

图7-268 打开素材

步骤02 选择多边形套索工具，对卧室吊顶处的灯槽进行框选，效果如图7-269所示。

图7-271 图像效果

步骤05 选择椭圆选框工具，对吊顶处其中的一个射灯周围绘制椭圆形选区，然后按下【Shift+F6】组合键，打开"羽化选区"对话框，设置羽化半径值为20像素，如图7-272所示。

图7-269 绘制多边形选区

步骤03 单击工具箱下方的前景色色块，打开"拾色器（前景色）"对话框，在其中设置前景色为橘黄色（R255,G190,B0），如图7-270所示。

步骤06 选择"滤镜"|"渲染"|"镜头光晕"命令，打开"镜头光晕"对话框，设置参数如图7-273所示。

图7-272 羽化选区

图7-273 "镜头光晕"对话框

步骤 07 使用同样的方法，为其余两个射灯添加镜头光晕效果，最终效果如图7-274所示。

图7-274 最终效果

技巧提示

在Photoshop中进行后期处理的主要的目的，是去除渲染中产生的黑斑现象、进行效果图的色彩调节、对局部的明暗度进行调节，以及添加前期不容易制作的灯带、装饰品等内容。

实例115 添加卧室装饰品

本实例将为效果图添加室内装饰品，通过本实例的学习，读者可以掌握在编辑窗口中添加素材并做调整的具体方法，其操作流程如图7-275所示。

原图

调整图层属性

效果图

图7-275 操作流程图

技法解析

　　本实例所制作的添加卧室装饰品效果图，首先使用Photoshop中的各种工具删除素材图像背景，然后调整素材图像的亮度即可完成操作。

实例路径	实例\第7章\添加卧室装饰品.psd	
素材路径	素材\第7章\卧室效果图.jpg、小熊.jpg、植物.psd	

步骤01 按下【Ctrl+O】组合键，打开"卧室效果图.jpg"文件（如图7-276所示），我们将为该图像添加一些装饰品。

图7-276 打开素材

步骤02 打开"小熊.jpg"素材图像，使用移动工具将其拖动到效果图中，放到图像中床的位置，如图7-277所示。

图7-277 添加素材图像

步骤03 选择工具箱中的魔棒工具，然后选取小熊图像周围的黑色区域，获取黑色区域选区，然后按下【Delete】键将其删除，如图7-278所示。

图7-278 删除黑色图像

步骤04 按下【Ctrl+D】组合键取消选区，缩小并将图像放在如图7-279所示的位置。

图7-279 缩小图像

步骤05 新建图层2，并将新建的图层放在图层1的下方，如图7-280所示。

图7-280 调整图层顺序

步骤06 在小熊图像下方创建一个椭圆选区，并设置羽化半径为5，然后将前景色改为黑色，按下【Alt+Delete】组合键，为小熊图像创建投影效果，如图7-281所示。

图7-281 投影效果

步骤07 使用鼠标双击背景图层，在打开的"新建图层"对话框中将背景图层设置为图层0，如图7-282所示。

图7-282 "新建图层"对话框

步骤08 选择魔棒工具，按住【Shift】键单击每一个窗口图像，获取图像选区如图7-283所示。

图7-283 获取选区

步骤09 切换到"通道"面板中，单击"将选区存储为通道"按钮（如图7-284所示），保存选区。

图7-284 获取选区

步骤10 按下【Delete】键删除选区中的图像，如图7-285所示。

图7-285 删除图像

步骤11 打开"外景.jpg"素材图像，将其移动到效果图中，并在"图层"面板中调整该图层到图层0的下方（如图7-286所示），得到窗外的景色图像，如图7-287所示。

图7-286 调整图层顺序

图7-287 添加窗外的景色

图7-290 图像效果

步骤12 选择"选择"|"载入选区"命令，打开"载入选区"对话框，在通道下拉列表框中选择Alpha1通道，如图7-288所示。

步骤14 打开"植物.psd"素材图像，将其移动到效果图中，放到画面左下方，如图7-291所示。

图7-288 "载入选区"对话框

步骤13 单击"确定"按钮，载入图像选区，新建图层4，将选区填充为白色，并设置其图层不透明度为18%（如图7-289所示），得到的图像效果如图7-290所示。

图7-291 添加素材图像

步骤15 选择"图像"|"调整"|"亮度/对比度"命令，打开"亮度/对比度"对话框，设置亮度参数为-70，如图7-292所示。

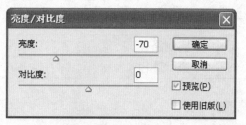

图7-292 调整亮度参数

图7-289 调整图层属性

步骤16 单击"确定"按钮，得到调整后的图像效果，完成该实例的制作，最终效果如图7-293所示。

图7-293 最终效果

实例116 书房效果图

本实例将为书房添加各种素材图像，使其效果图更加真实，通过本实例的学习，读者可以掌握素材图像的添加方法，其操作流程如图7-294所示。

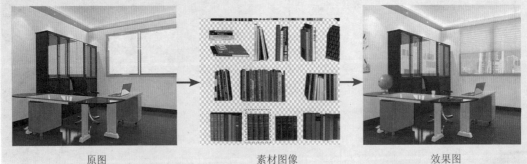

原图　　　　　　　　　素材图像　　　　　　　　　效果图

图7-294 操作流程图

技法解析

本实例所制作的书房效果图，只需使用移动工具将素材图像拖动到效果图中，并对图像做适当的调整即可。

实例路径	实例\第7章\书房效果图.psd
素材路径	素材\第7章\书房.jpg、水杯.jpg、室内植物.psd、墙饰.jpg等

步骤01 选择"文件"|"打开"命令，打开"书房.jpg"素材图像，如图7-295所示。

步骤02 打开"书籍.psd"素材图像，选择矩形选框工具框选图像下方的词典对象，如图7-296所示。

图7-295 打开素材图像

图7-298 设置图层不透明度

图7-296 选择书籍图像

步骤 03 将词典图像拖动到书房效果图的书柜中，然后适当调整图像大小（如图7-297所示），并在"图层"面板中，将词典所在图层不透明度设为50%，如图7-298所示。

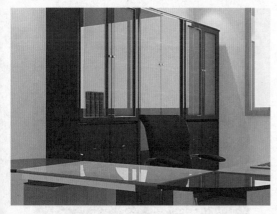

图7-297 移动图像

步骤 04 使用同样的方法，为书柜添加其余的书籍图像，如图7-299所示。

图7-299 添加其他书籍图像

步骤 05 打开"墙饰.jpg"素材文件，将墙饰素材添加到效果图中，并对其进行缩放和变形，效果如图7-300所示。

图7-300 添加素材图像

PART 07

步骤06 选择"图层"|"图层样式"|"斜面和浮雕"命令，打开"图层样式"对话框，设置样式为"内斜面"，其他参数设置如图7-301所示。

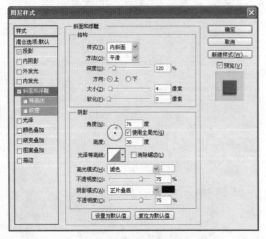

图7-301 设置浮雕参数

步骤07 选择"投影"复选框，设置投影颜色为黑色，其他参数设置如图7-302所示。

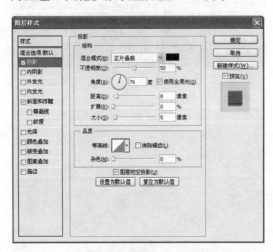

图7-302 设置投影参数

步骤08 单击"确定"按钮，得到的图像效果如图7-303所示。

步骤09 打开"室内植物.psd"素材文件，并将其中的植物素材添加到效果图中，如图7-304所示。

图7-303 投影效果

图7-304 添加植物

步骤10 按下【Ctrl+J】组合键，对植物素材所在的图层进行复制，选择"编辑"|"变换"|"垂直翻转"命令，将复制所得的植物素材垂直翻转，并将其缩小，然后将该图层的不透明度设为50%，制作植物倒影效果，如图7-305所示。

图7-305 制作投影

步骤 11 用类似的方法为场景添加地球仪、书、杯子、窗帘和室外风景等配景素材，得到的最终效果如图7-306所示。

图7-306 最终效果

实例117 展台效果图

本实例将调整展台效果图的明暗度，通过本实例的学习，读者可以掌握"色阶"和"曲线"命令的具体使用方法。其操作流程如图7-307所示。

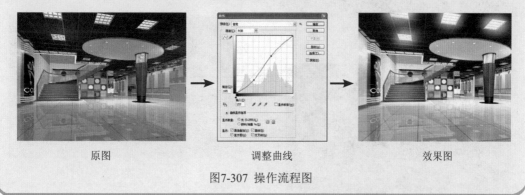

原图 　　　　调整曲线 　　　　效果图

图7-307 操作流程图

 技法解析

本实例所制作的展台效果图，首先为灯光添加光晕效果，然后通过"色阶"、"曲线"对话框，调整画面明暗效果。

实例路径	实例\第7章\展台效果图.psd
素材路径	素材\第7章\展台.jpg

步骤 01 打开"展台.jpg"素材文件（如图7-308所示），下面调整图像色彩。

图7-308 打开素材

步骤02 选择工具箱中的椭圆选框工具，按住【Shift】键，在天花板的灯图像周围绘制一些圆形选区，如图7-309所示。

步骤03 新建一个图层，设置前景色为白色，按下【Alt+Delete】组合键将选区填充为白色，如图7-310所示。

图7-309 绘制选区

图7-310 填充选区

步骤04 选择"滤镜"|"模糊"|"高斯模糊"命令，打开"高斯模糊"对话框，设置半径为25，如图7-311所示。

图7-311 设置模糊参数

步骤05 单击"确定"按钮，得到的图像效果如图7-312所示。

图7-312 图像效果

步骤06 调整该图层的图层不透明度为60%，图像效果如图7-313所示。

图7-313 设置图层不透明度

步骤07 选择矩形选框工具，在图像左侧的海报中绘制一个矩形选区，如图7-314所示。

图7-314 绘制矩形选区

步骤08 新建一个图层，填充选区为白色，并对其应用"高斯模糊"滤镜，得到的图像效果如图7-315所示。

图7-315 模糊图像

步骤09 设置该图层不透明度为65%，得到海报的反光效果如图7-316所示。

图7-316 图像效果

步骤10 按下【Ctrl+E】组合键两次向下合并所有图层，选择"图像"|"调整"|"色阶"命令，打开"色阶"对话框，调整其中各项参数，调整画面明暗分布效果，如图7-317所示。

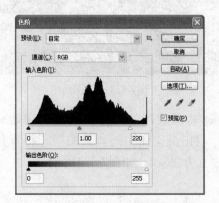

图7-317 调整色阶

步骤11 单击"确定"按钮，调整后的图像效果如图7-318所示。

图7-318 图像效果

步骤12 选择"图像"|"调整"|"曲线"命令，打开"曲线"对话框，调整曲线，改善图像明暗关系，如图7-319所示。

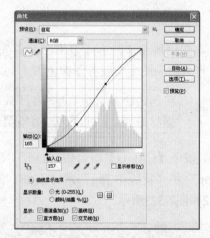

图7-319 调整曲线

步骤13 单击"确定"按钮，得到调整后的图像，最终如图7-320所示。

图7-320 最终效果

实例118 客厅效果图

　　本实例将调整客厅的色调，通过本实例的学习，读者可以掌握更加简单的效果图操作方法，其操作流程如图7-321所示。

渲染图　　　　　　　　　　　蒙版图　　　　　　　　　　　效果图

图7-321 操作流程图

 技法解析

　　本实例所制作的客厅效果图，首先将蒙版图与渲染图叠加，然后通过蒙版图获取选区，再到渲染图中调整各图像色调。

实例路径	实例\第7章\客厅效果图.psd
素材路径	素材\第7章\渲染图.jpg、蒙版图.jpg、窗帘1.jpg等

步骤01 按下【Ctrl+O】组合键，打开"渲染图.jpg"和"蒙版图.jpg"素材文件，如图7-322和图7-323所示。

图7-322 渲染图

图7-323 蒙版图

步骤02 将蒙版图的图像内容复制到效果图上，双击渲染图中的背景图层，将背景图层设置为图层0，如图7-324所示。

图7-324 改变背景图层

步骤03 选择魔棒工具，按住【Shift】键，在图层1上连续选择红色的地面，然后切换到图层0中，按下【Ctrl+J】组合键，将选区内容复制到新图层中，完成选择后，将图层1隐藏，如图7-325所示。

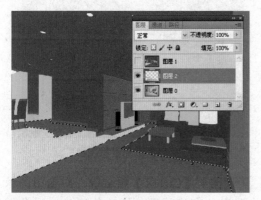

图7-325 选取图像

步骤04 选择渐变工具，然后单击工具属性栏上的渐变颜色条，设置颜色从土红色（R73,G35,B2）到透明，如图7-326所示。

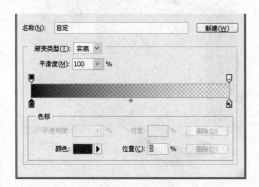

图7-326 设置渐变颜色

步骤05 在图层2的上层新建一个图层，然后按住【Ctrl】键，在图层3中载入图层2的选区。接下来使用渐变工具从图像的左下角到图像的中心位置作渐变填充，完成后设置图层3的不透明度为40%，按下【Ctrl+D】组合键取消选区，如图7-327所示。

图7-327 使用渐变

步骤06 按下【Ctrl+E】组合键，将图层2和图层3合并。显示图层1，使用魔棒工具单击蓝色的墙体和右侧绿色的斜面装饰墙的区域，使用同样的方法将图层0中的选区内容复制到新的图层，然后调整图层3的亮度，如图7-328所示。

图7-328 调整图层亮度

步骤07 接下来单独调整顶面的亮度，使用多边形套索工具，在图层3中沿顶面建立选区（如图7-329所示），然后将选区内容复制到新的图层，按下【Ctrl+M】组合键，打开"曲线"对话框，设置曲线参数，如图7-330所示。

图7-329 建立选区

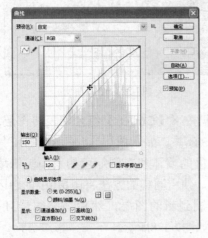

图7-330 调整曲线

步骤08 使用同样的方法将玻璃图像复制到新图层中，然后按下【Ctrl+U】组合键，打开"色相/饱和度"对话框，设置参数如图7-331所示，效果如图7-332所示。

图7-331 调整色相/饱和度

步骤09 打开"窗帘1.jpg"素材文件，将图像移动到效果图中，如图7-333所示。

图7-332 色相/饱和度调整后的效果

图7-333 添加素材图像

步骤10 按下【Ctrl+T】组合键，对窗帘图像作适当的变形处理。然后使用多边形套索工具，沿沙发挡住的窗帘区域建立选区，如图7-334所示。

图7-334 建立选区

步骤11 按下【Delete】键，删除多余的图像区域。最后设置该图层的不透明度为40%，效果如图7-335所示。

步骤12 打开其他素材图像，分别将各文件中的图像内容复制到效果图中，调节各对象的大小和位置，最终效果如图7-336所示。

图7-335 删除多余图像

图7-336 最终效果

技巧提示

本案例效果图的制作是采用一种比较简单的方法，其优点是速度较快，从而可以提高工作效率。

PART 07

演绎不一般的精彩，

图说经典设计理念

演绎不一般的精彩，

图说经典设计理念

反侵权盗版声明

　　电子工业出版社依法对本作品享有专有出版权。任何未经权利人书面许可，复制、销售或通过信息网络传播本作品的行为；歪曲、篡改、剽窃本作品的行为，均违反《中华人民共和国著作权法》，其行为人应承担相应的民事责任和行政责任，构成犯罪的，将被依法追究刑事责任。

　　为了维护市场秩序，保护权利人的合法权益，我社将依法查处和打击侵权盗版的单位和个人。欢迎社会各界人士积极举报侵权盗版行为，本社将奖励举报有功人员，并保证举报人的信息不被泄露。

举报电话：（010）88254396；（010）88258888

传　　真：（010）88254397

E-mail:　dbqq@phei.com.cn

通信地址：北京市万寿路173信箱

　　　　　电子工业出版社总编办公室

邮　　编：100036